BASKET WEAVING TECHNOLOGY AND APPLICATION

篮筐编织

工艺及应用

覃大立 刘淑贤／编著

人民邮电出版社
北京

图书在版编目（CIP）数据

篮筐编织工艺及应用 / 覃大立，刘淑贤编著. -- 北京 : 人民邮电出版社，2018.9（2021.8 重印）
ISBN 978-7-115-46023-3

Ⅰ. ①篮… Ⅱ. ①覃… ②刘… Ⅲ. ①手工编织 Ⅳ. ①TS935.5

中国版本图书馆CIP数据核字(2017)第142316号

内 容 提 要

本书以图、文、视频相结合的方式，讲解篮筐编织工艺的基础技法和应用。全书共分为 6 章。第一章为工具与基础编织法，介绍编织工具和篮筐编织的几种常用基础编织法；第二章为篮筐的编织技法，讲解利用编织技法编织简单的小作品；第三章为灯具的编织过程，讲解如何综合运用技法编织较为复杂的实用品；第四章为教学成果，展示复杂的艺术品的制作过程；第五章为作品欣赏，展示优秀设计作品，供读者欣赏与模仿；第六章为工程案例，包括篮筐编织工艺在商业空间、住宅软装中的实际应用案例。

本书适合作为篮筐编织工艺与设计的教材，也可供广大爱好者自学使用。

◆ 编　　著　覃大立　刘淑贤
　责任编辑　桑　珊
　责任印制　马振武
◆ 人民邮电出版社出版发行　北京市丰台区成寿寺路 11 号
　邮编　100164　　电子邮件　315@ptpress.com.cn
　网址　http://www.ptpress.com.cn
　雅迪云印（天津）科技有限公司印刷
◆ 开本：787×1092　1/16
　印张：9.75　　2018 年 9 月第 1 版
　字数：187 千字　　2021 年 8 月天津第 2 次印刷

定价：64.00 元

读者服务热线：(010)81055256　印装质量热线：(010)81055316
反盗版热线：(010)81055315
广告经营许可证：京东市监广登字 20170147 号

前言

PREFACE

篮筐编织工艺历史悠久，是经历人类世代相传与双手锤炼的一种传统文化工艺，凝聚着民族的精神、民族的性格、民族的美德与民族的智慧。在中国新石器时代的良渚文化遗物中，已经出现了竹编器具。早期的篮筐编织工艺产品主要是自编自用，以实用为主，欣赏为辅。随着社会的发展及人民生活水平的提高，人们对篮筐编织工艺产品的需求不再只是以实用为主，而是实用性、工艺性与艺术性并重，甚至装饰功能的重要性超过实用诉求，形成了一种带有民族特性的工艺文化。上至博物馆的藏品，下至寻常百姓家的生活品，这种编织工艺随处可见。

篮筐编织原料生长地域广泛、易得易作、环保洁净、造价低、可塑性强、具亲和力，因符合人们日常生活的需求，适应回归自然、返璞归真的国际潮流而具有旺盛的生命力，并得到设计师与艺术家们的青睐。经过长期的生产实践，这种工艺在材料加工、工艺技法、花色品种、文化特色、技艺人才等诸方面逐步形成了异彩纷呈的风格特色。安徽的舒席、四川的竹丝扇和瓷胎竹编、浙江东阳的竹编、山东的草编、广东南海的籐编等都享誉世界。这些传统的工艺文化弥足珍贵，需要人们对之进行整理、研究与拓展，使篮筐编织工艺在今天不仅具有传统文化意义，而且更能彰显时代特色，能满足现代人们物质审美和精神生活的需求。

目前，国外对篮筐编织的研究比较系统与全面，各种针对历史溯源、编织技法、产品设计、市场情况、材料与技法创新、艺术创作等的研究及成果颇多。在中国，人们的研究大多停留在对篮筐编织工艺品的生产与市场开发上，技艺队伍庞大，但对篮筐编织工艺在材料与技法创新及使用方式的合理性设计和艺术领域的拓展研究方面较为薄弱。本书作者覃大立教授与刘淑贤副研究馆员等人合作开展了“篮筐编织工艺文化研究”课题的研究工作，以期在对我国篮筐编织工艺文化，特别是编织技法深入总结的基础上，进行竹、藤、柳艺术作品创作，促进编织材料表现力、编织技法传承创新的探索，以促进传统工艺文化的传承与创新。

本书共分六章：第一章主要介绍编织工具与基础编织技法，可以作为全书实际编织技法的指南；第二章选取了民间七款较有代表性且与人们日常生活密切关联的竹籐草柳编篮筐器具，分别介绍了编织材料、工具及编织技法；第三章主要介绍覃大立创作的灯具作品的编织技法；第四章为编织研究的教学成果展示，选取了部分由覃大立带领的教学团队指导学生创作的优秀作品，由创作思路、编织阶段图及作品完成图等内容构成，展现了对竹、藤、柳编教学实践研究的探索成果；第五章为作品欣赏，主要展示了覃大立多年来对竹、籐、柳编工艺潜心研究而创作的部分优秀艺术作品，体现了一位艺术家和教育工作者对传统工艺传承的执着精神及对艺术创作的创新热情；第六章为工程案例，主要展示了覃大立和其团队所创作的篮筐编织艺术作品在建筑空间装饰领域的实际应用，充分体现了传统篮筐编织艺术文化的时代特色及在公共领域的拓展与创新。

《篮筐编织工艺及应用》是一本不可多得的好教材。

施慧

2017 年 5 月 20 日

自序

P R E F A C E

“后工业时代”的到来，正是手工艺发展的一个契机。我们不妨放缓脚步，静思和调整自己的思维方式，纠正原有的错误的工艺美术发展观，同时对传统手工艺进行升级换代，使其真正能融入我们的现代生活之中。本书是一本关于篮筐编织工艺及应用的教材，中国虽然是手工编织大国，但我们目前尚未见过此方面现代设计教科书的出版。我本人和参与者对篮筐编织工艺已有多年的研究并具有长期从事创作与教学的经历和经验，特别是在材料与技法的创新研究方面已进行了一些试验性的探索，并取得了初步成果。我们课题组创作的一系列柳条、木皮、藤条编织艺术作品和工艺产品正是将此工艺技法研发与艺术创作、社会相结合的成果。本书可能是国内首例，通过图文并茂的形式讲解，直观地与读者进行交流，希望对我国传统手工艺在今天的提升与拓展尽一份绵薄之力。

本书的特点和意义：本书在传授传统编织工艺的同时，还详述了我们研发的新编织针法，这些新编织针法在被国内编织品企业广泛应用的同时，创造了可观的利润，这对现代手工艺来说是一个非常成功的案例，由此可以演绎出篮筐编织传承与创新的新路径——创新应从自身内部进行改造。只有这样才能既保留传统工艺不可替代的特征，同时还能与时俱进、不断创新。本书在介绍编织的过程时，还阐述一些新的设计程序，如“使用方式设计→制作方式设计→造型、审美方式设计”，把使用放在首位，改变了部分只谈造型和审美的错误设计程序，强调作品设计使用的合理性。本书通过对设计程序的论证，阐明了传统手工艺只有适应社会发展需求，探索新的使用方式，倡导采用自救为主、保护为辅的新观点，这样才能真正振兴传统编织手工艺的新路径。正确地发展手工艺，对于人类社会的持续发展有着重要的意义，传统手工艺的生产方式与原有的地域文化是和谐的，但现代工业高速迅猛的发展，虽然提高了人民的生活水平，却也因高速化、模式化的大工业生产，消耗了大量资源，使人与自然原有的和谐受到严重的破坏。现今，适当地控制大工业生产，推进手工业的发展，可弥补大工业的不足，提高国人的人文情怀，让我们的社会回归到人与自然和谐相处的状态。

覃大立

目录

CONTENTS

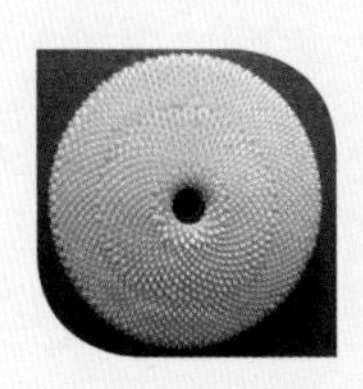

第一章　工具与基础编织法

第一节 工具

篮筐编织时所需用到的工具如图 1-1~ 图 1-8 所示。

图 1-1

图 1-2

图 1-3

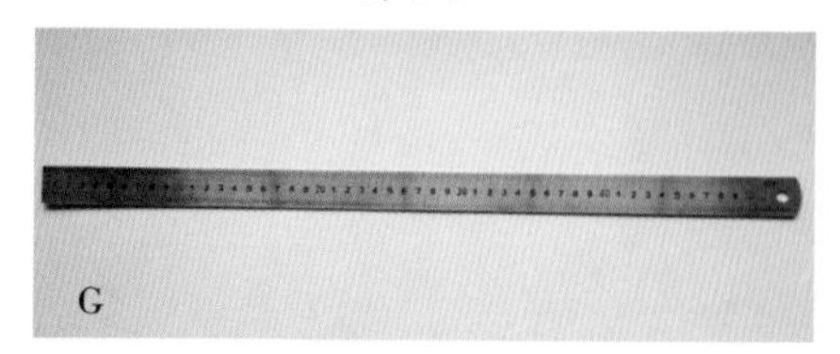

图 1-4

A- 剪刀
B- 修枝剪
C- 花子
D- 斜口钳
E- 钢丝钳
F- 尖嘴钳
G- 直尺

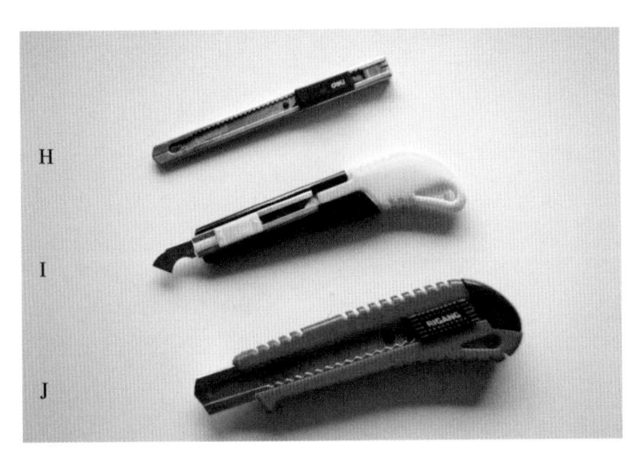

图 1-5

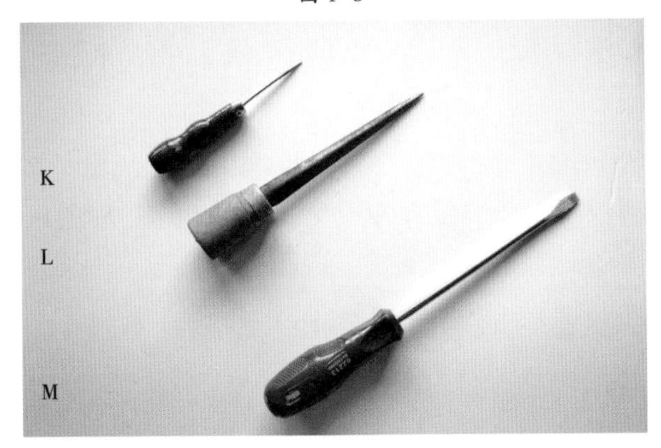

图 1-6

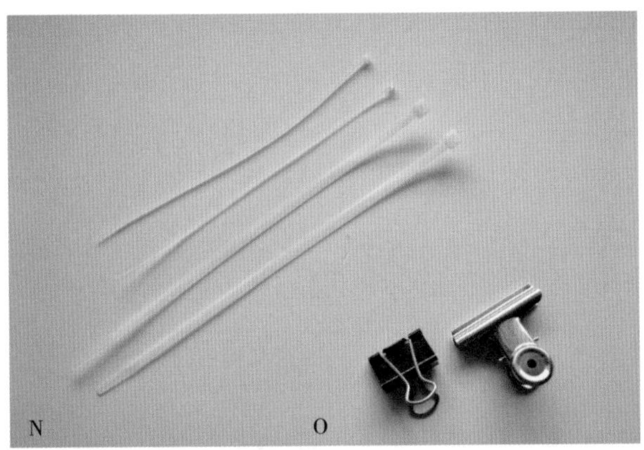

图 1-7

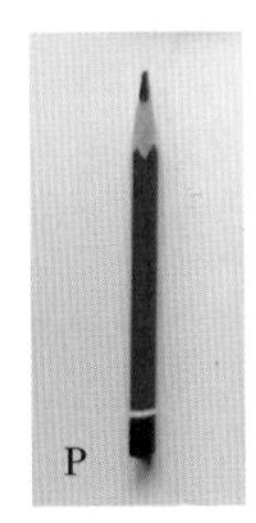

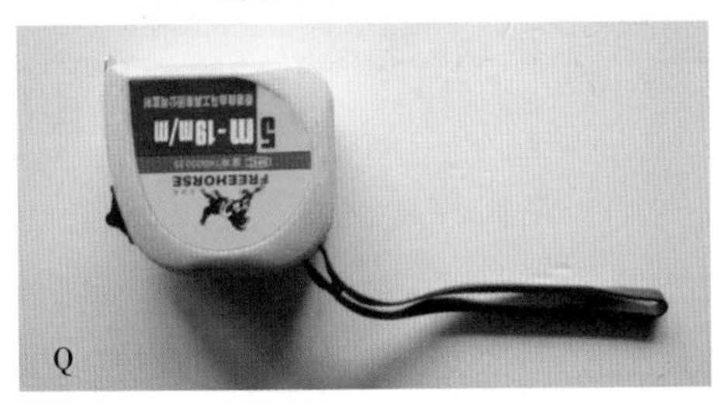

图 1-8

H- 小号美工刀

I- 勾刀

J- 大号美工刀

K- 小锥子

L- 锥子

M- 螺丝刀

N- 尼龙扎带

O- 夹子

P- 铅笔

Q- 卷尺

第二节 基础编织法

基础编织法将作为本书实际编织用法的指南，给读者以详细的指导。书中介绍的实例不但式样十分丰富，而且有些技术还极具挑战性，而这一节是专门帮助读者闯过这些难关的。

首尾重叠的平编法

（1）将纬线的一端放置于最左侧始点经线的正面开始编织，即向右依次上挑一根经线、下压一根经线、上挑一根经线……依次进行编织。

（2）当编织回到始点处后，纬线再首尾重叠地编织 4 根经线的距离后结束 1 行的编织。剪断纬线的末端，使之隐藏在第 4 根经线的背面。无论内侧或外侧都看不到纬线的末端。（参见图 1-9）

往返平编法

（1）将纬线的一端放置于最左侧始点经线的背面开始编织，即向右依次下压一根经线、上挑一根经线、再下压一根经线、上挑一根经线……依次进行编织。此时的编织方向为从左向右。

（2）当编织至最右侧一根经线时，将纬线环绕此经线后往回按相反方向（即从右向左的方向）继续进行平编法的编织步骤。（参见图 1-10）

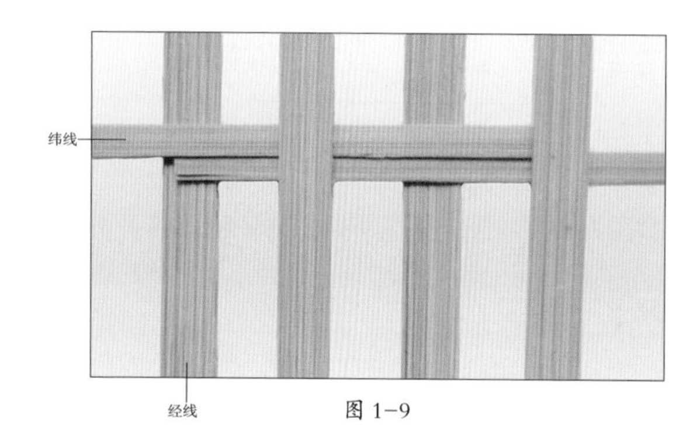

图 1-9

图 1-10

斜向追踪平编法

（1）以任意一根经线为始点。将纬线放置在始点经线的背面，然后向右以下压一根经线、上挑一根经线、再下压一根经线……的平编法进行第一行的编织，约编织 7 根经线的距离后先暂停此根纬线的编织。

（2）然后，取另一根纬线，放置在始点经线左侧紧邻的一根经线背面，向右依次以下压一根经线、上挑一根经线……的平编法进行第 2 行的编织，约编织 7 根经线的距离后先暂停此根纬线的编织。

（3）依上述步骤和方法，依次以上一行始点经线左侧紧邻的一根经线为始点，添加一根新纬线进行另一行平编法的编织，依次追踪上一根纬线的编织进程。（参见图 1-11）

三棱环绕编织法

（1）将 3 根纬线分别依次放置于 3 根相邻的经线背面。

（2）取最左侧纬线，向右下压相邻的两根经线之后，上挑第 3 根经线，然后从此经线的右侧穿出，绕回到第 4 根经线正面。

（3）每次都取最左侧纬线依此方法重复以上编织步骤。

（4）当编织回至始点处时，将进行“转调”的编织。即取最右侧纬线，向右下压相邻的两根经线，上挑第 3 根经线后绕回前面。余下的两根纬线重复此编织步骤，一行的编织就此完成。

（5）用剪刀将纬线的末端沿经线的右侧边缘剪断，依次藏在经线的背面。（参见图 1-12）

图 1-11

图 1-12

二棱相交环绕编织法

（1）以任意一根经线为始点。将一根纬线的一端依照从右向左的方向放置在始点经线的正面（以下称为第 1 根纬线）；将另一根纬线依照从右向左的方向放置在始点经线的背面（以下称为第 2 根纬线）。

（2）取第 1 根纬线，向右上挑始点经线紧邻的一根经线，并从此经线的右侧穿出，回到筐体外侧；取第 2 根纬线，向右下压同一根经线，并从此经线的右侧穿到筐体的内侧……依此方法，两根纬线分别依次交替向右下压、上挑同一根经线进行编织。编织回至始点处时首尾重叠编织约 3 根经线的距离后停止，然后剪断纬线的末端，并分别藏在经线的背面，至此结束一行的编织。

二棱相交环绕编织法中，第 1 根纬线与第 2 根纬线始终交替在每根经线的正面与背面，即两根纬线环绕经线相交，效果如图 1-13 所示。

“完全”扭转的二棱相交环绕编织法

在一般的二棱相交环绕编织中，二棱相交是环绕经线相交的。“完全”扭转的二棱相交是在环绕经线相交之外再产生一次相交，即以颠倒纬线上下顺序的方式产生相交。

（1）以任意一根经线为始点。将一根纬线的一端依照从右向左的方向放置在始点经线的正面（以下称为第 1 根纬线）；将另一根纬线依照从右向左的方向放置在始点经线的背面（以下称为第 2 根纬线）。

（2）在始点经线的右侧，将第 1 根纬线与第 2 根纬线交叉，同时颠倒两根纬线的上下顺序关系。此时第 1 根纬线在下，第 2 根纬线在上。

（3）取在上的第 2 根纬线，向右上挑始点经线右侧紧邻的一根经线；取在下的第 1 根纬线，向右下压同一根经线。此时，在此经线的右侧，两根纬线的关系为第 1 根纬线在上，第 2 根纬线在下。将两根纬线交叉，并颠倒两根纬线的上下顺序关系，即第 2 根纬线在上，第 1 根纬线在下。

（4）依上述步骤及方法依次进行编织。当编织回至始点处时，首尾重叠编织约 3 根经线的距离后停止，然后剪断纬线的末端，并分别藏在经线的背面。至此结束一行的编织。

“完全”扭转的二棱相交环绕编织法中，第 1 根纬线始终在每根经线的正面，而第 2 根纬线始终在每根经线的背面，效果如图 1-14 所示。

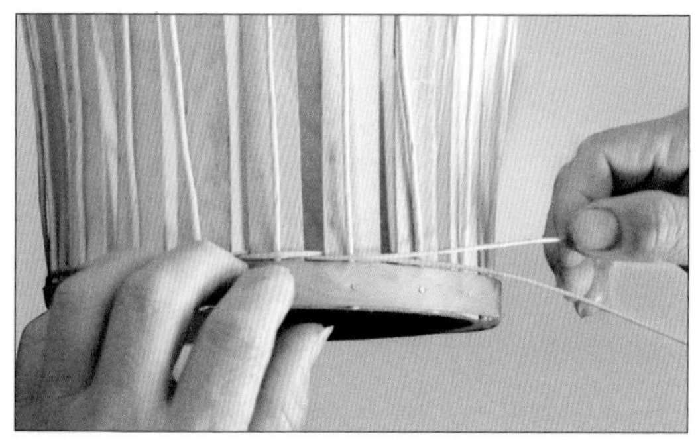

图 1-13

图 1-14

单向栽绒编织法

（1）将若干圆柳条纬线裁剪成每根约 30cm 的长度。

（2）以任意一根经线为始点。取 1 根纬线上挑始点经线，纬线两端在始点经线的左右两侧向外自然伸展；然后将纬线右端沿始点经线的右边缘轻轻向左折弯，再上挑始点经线左侧紧邻的一根经线之后，末端自然地往编织体外方向伸展。纬线两端上下张开，形成如燕子展翅般的自然效果。（参见图 1-15）

（3）取另一根纬线，上挑始点经线右侧紧邻的一根经线，然后依照上述方法进行编织。后续依逆时针方向依次添加纬线进行编织。（参见图 1-16）

图 1-15

图 1-16

交叉栽绒编织法

（1）以任意一根经线为始点。取一根纬线上挑始点经线，纬线的两端任其自然地在该经线的两侧往筐体外伸展；取另一根纬线，以顺时针方向，上挑始点经线左侧的一根经线，该纬线的右端搭在前一根纬线上，形成左低右高的状态，自然地在经线两侧往筐体外伸展……按顺时针方向依此法添加纬线进行编织，回到始点时结束此行编织。（参见图 1-17）

（2）然后，以任意一根经线为始点，将穿过始点经线的纬线的右端拾起，按逆时针方向，向右下压右侧紧邻的经线，然后上挑其下一根经线，并从该经线的右侧穿出，把纬线置于此处另一根纬线的左侧。（参见图 1-18）

（3）再拾起始点经线左侧的下一根纬线，以同样的方法向右下压右侧经线，然后上挑下一根经线，并从该经线的右侧穿出，把纬线置于此处另一根纬线的左侧。此时，在已编织的两根经线之间，有两组纬线，其中每组为两根纬线。取两组纬线中靠左侧的纬线组中靠右的一根纬线进行编织。即向右下压一根经线、再上挑一根经线，然后从该经线的右侧穿出后，把纬线放置于此处另外一根纬线的左侧。此组纬线中余下的一根纬线不再编织，让其自然地往筐体外侧伸展。

（4）依此方法，每次都取靠左侧的纬线组中靠右的一根纬线进行编织，余下一根纬线不再编织，让其自然地往筐体外侧伸展。当编织回到始点时结束此行的编织。

图 1-17

图 1-18

圈圈针编织法

（1）用水将扁平薄木皮喷湿，使其变得柔软，易于编织。通常木皮分正反两面，光滑面为正面，粗糙面为反面，编织时以正面朝上更为美观。

（2）以任意一根经线为始点。取一根用作纬线的扁平薄木皮，将其一端放置在始点经线的正面，然后向右上挑两根（第 2、3 根）经线；再在右侧第 4 根经线的正面按顺时针的方向绕一圈，以形成一个自然的卷曲状后下压此根经线……依此方法进行编织，当编织回至始点时结束此行的编织。（参见图 1-19）

扁平柳条纬线添加法

当使用扁平或扁平椭圆形的柳条纬线编织时，将新旧纬线重叠编织经过 4 根经线后，旧纬线的末端到达某根经线正面时，只用新添加的纬线继续编织。（参见图 1-20）

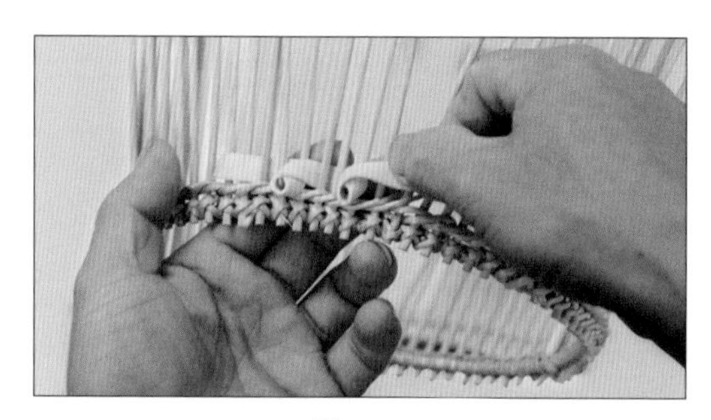
图 1-19

图 1-20

二棱相交环绕编织添纬法

在经线正面处将一根新纬线置于旧纬线旁，并与它相互衔接，然后继续进行环绕编织。当纬线干燥后，将新旧纬线的末端截断，使其首尾相接。

第二章　篮筐的编织技法

第一节 甜瓜篮筐的编织技法

编织过程视频

扫一扫

一、材料与工具

（1）直径约 0.8cm 的圆柳条，用作框架材料。

（2）直径约 0.5cm 的圆柳条，用作经线。

（3）直径约 0.1cm 的圆柳条，用作捆绑材料。

（4）直径约 0.2cm 的圆柳条，用作纬线。

（5）宽约 0.5cm 的薄木皮，用作纬线。

（6）皮尺、铅笔、锥子、刀子、剪刀。

二、框架的制作

1. 椭圆形框架的制作

取两根直径约 0.8cm 的圆柳条，浸泡约 10 分钟。取其中一根，用刀分别将其两端斜向对角削去约一半的厚度，要求所削的面相反，以便于两端相互接叠时能正好恢复为圆形。取另一根圆柳条，依上述方法作相同的处理。

分别将两根圆柳条轻轻地弯曲成一大一小的椭圆框，要求小椭圆框的直径比大椭圆框的直径小 1cm 左右，以便它能紧贴地放进大椭圆框的内侧。接着在被削尖处首尾对接，取一根直径约 0.1cm 作捆绑用的圆柳条，将其一端插进圆框对接处，然后以环绕捆绑的方式，把对接处捆绑固定，如图 2-1、图 2-2 所示。

将小椭圆框垂直于桌面放置，然后把大椭圆框以水平方向套进小圆框中，形成相互垂直相交的关系。要求大椭圆框左右对称，小椭圆框上部占 2/3，下部占 1/3。上部作为篮筐的提手，如图 2-3 所示。

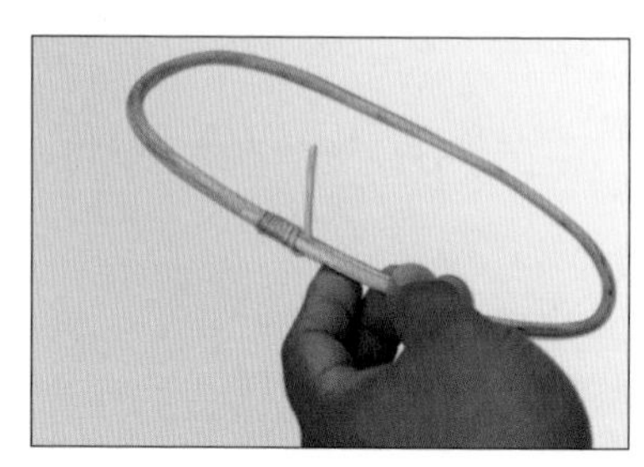

图 2-1

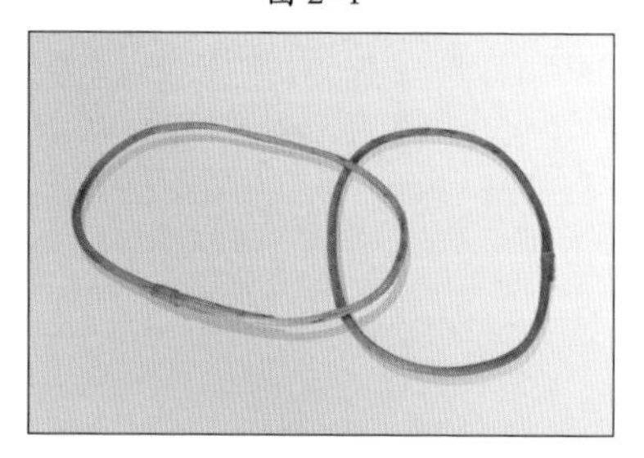

图 2-2

图 2-3

图 2-4

图 2-5

图 2-6

图 2-7

图 2-8

2. 椭圆形框架的固定

在两框相交点做一标记，将此处视为坐标。取一根捆绑用的圆柳条，将两框相交处捆绑固定，方法如下。

①用手压着两框的相交点，将柳条短的一端从左下方区域向上放置在相交点的背面，然后取左下方长的一端由内往外跨过相交点的正面，进入右上方区域，如图 2-4 所示。

②在水平方向圆框柳条的背面绕过之后，进入右下方区域。

③向对角跨过相交点的正面之后，进入左上方区域，如图 2-5 所示。

④在水平方向圆框柳条的背面绕过之后，进入左下方区域。

⑤向右跨过垂直方向圆框柳条的正面之后，进入右下方区域。

⑥向上跨过水平方向圆框柳条的背面之后，进入右上方区域，如图 2-6 所示。

⑦向下跨过水平方向圆框柳条的正面之后，进入右下方区域。

⑧向左跨过垂直方向圆框柳条的背面之后，进入左下方区域。

⑨向上跨过水平方向圆框柳条的正面之后，进入左上方区域，如图 2-7 所示。

⑩再向下跨过水平方向圆框柳条的背面之后，进入左下方区域，如图 2-8 所示。

依上述⑤ ~ ⑩的方法编织约 8 行。再依上述捆绑编织步骤在两框另一对称相交处编织 8 行。

3. 经线的添加

取 8 根直径约 0.5cm 的圆柳条，将其裁剪成椭圆形框半圆边长的长度，作为篮筐的经线，分别将其两端削尖。用锥子轻轻地在两框相交捆绑处撬开一点空隙，以备添加新的经线，如图 2-9 所示。

先取其中 4 根，分别以两根为一组把其一端从右下方区域向上插进上述被撬开的空隙处。取另外 4 根，分别以两根为一组把其一端从左下方区域向上插进被撬开的空隙处。然后，将柳条轻轻弯曲成半圆状，把柳条的另一末端在对称的圆框相交区域处作相同的处理，如图 2-10 所示。

将新添经线每两根视为一组，以往返平编法编织 6 行，然后将新添经线每一根视为一个编织单元，以往返平编法编织 6 行，使新添加的经线两端更加稳固，如图 2-11、图 2-12 所示。

图 2-9

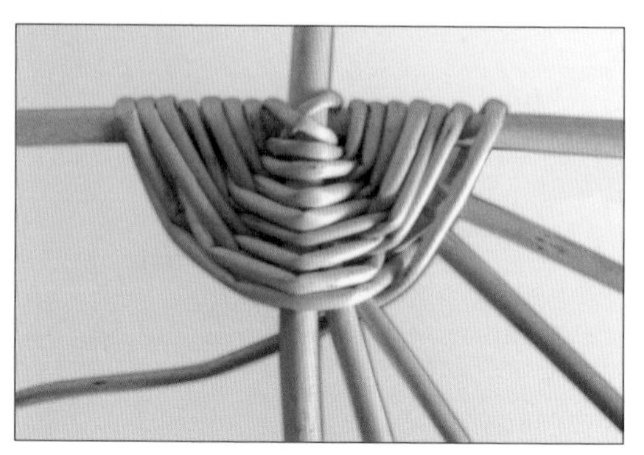

图 2-10

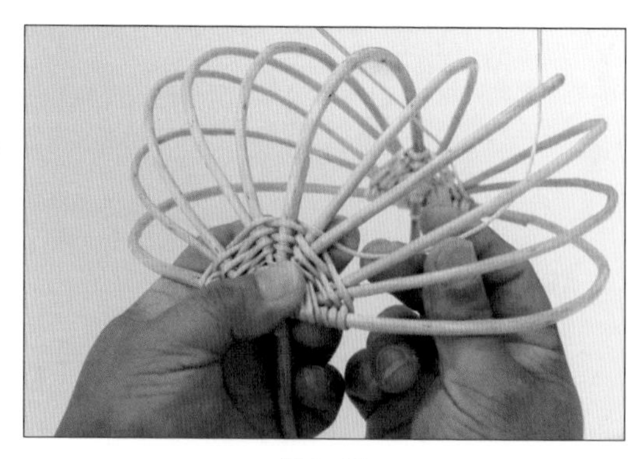

图 2-11

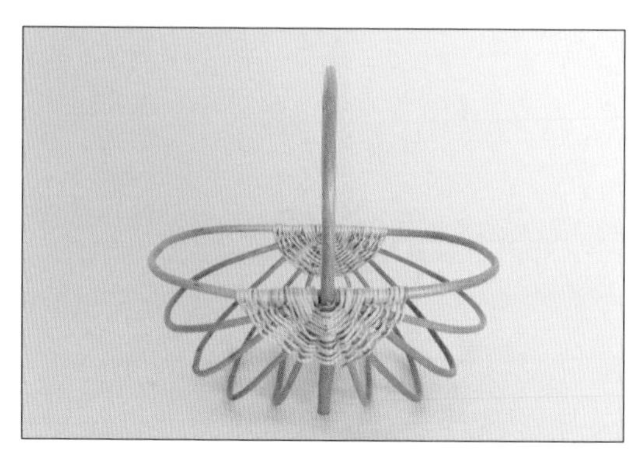

图 2-12

提示：在新添加经线时，各经线之间需等距排布；为了使篮筐的造型美观、与甜瓜样子更接近，可以把新添经线中间的两根经线的半圆做得大些。

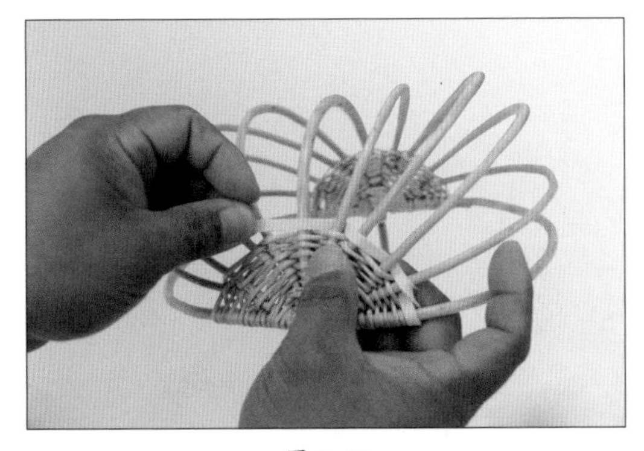

图 2-13

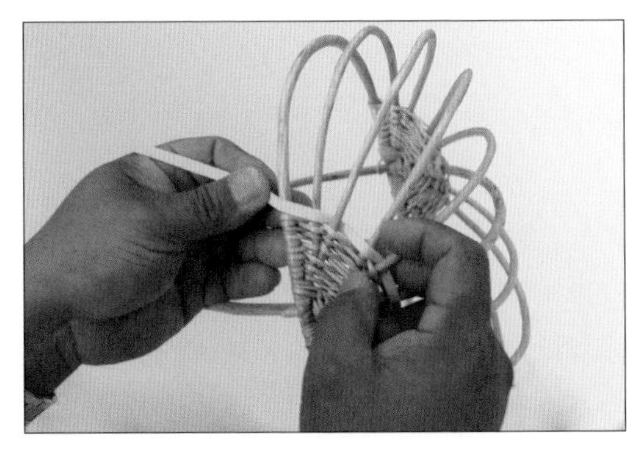

图 2-14

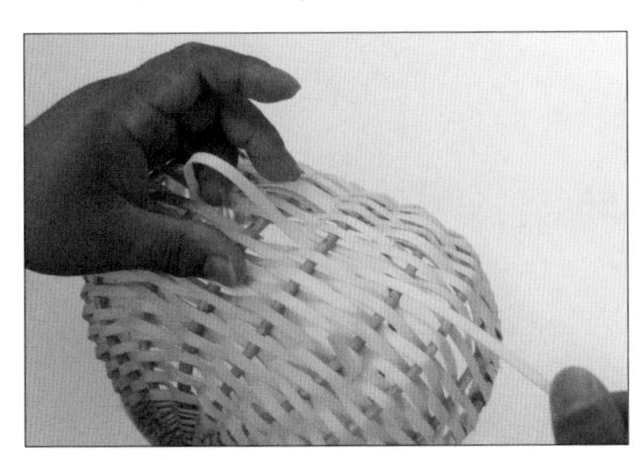

图 2-15

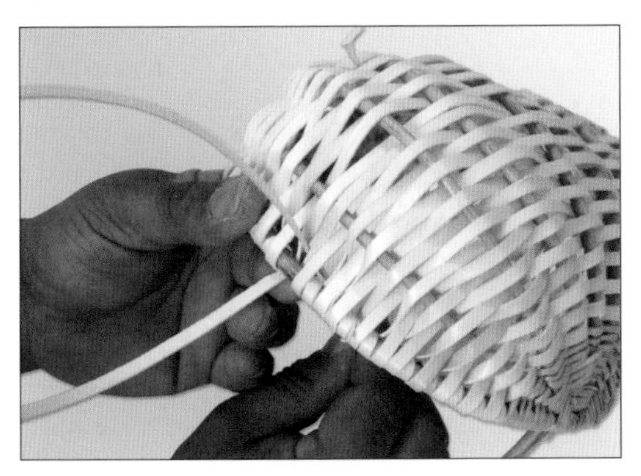

图 2-16

三、筐体的编织

把篮筐按照底部朝上、提手向下的方向放置，以便于筐体的编织。

取一根约 0.5cm 宽的薄木皮，作为纬线。以从右向左数起的第 2 根经线作为始点，将纬线的一端放置在此经线的背面，然后向右由上往下环绕右侧第 1 根经线后，将纬线的正反面扭转，再向左下压第 2 根经线、上挑第 3 根经线、下压第 4 根经线、上挑第 5 根经线……依次以平编法编织，如图 2-13 所示。

当编织到最左侧经线时，将纬线的正反面扭转，纬线扭转后需环绕该经线，反面在内侧，正面在外侧，再往回向右继续以平编法编织第 2 行，如图 2-14 所示。

依上述往返编织方法一直向篮筐底部的中心区域编织，当编织到达中心区域时停止编织。

依上述往返平编法在框架相交的另一对称处起步向篮筐底部中心区域方向进行编织。当两对称区域的编织在底部中心处会合时，筐体的编织结束，如图 2-15 所示。

提示：值得注意的是当编织结束时，需将最后一根纬线的正反面扭转，然后环绕最后一根经线，往回重叠编织 3 根经线的距离，将纬线的末端藏在经线背面后结束编织，如图 2-16 所示。

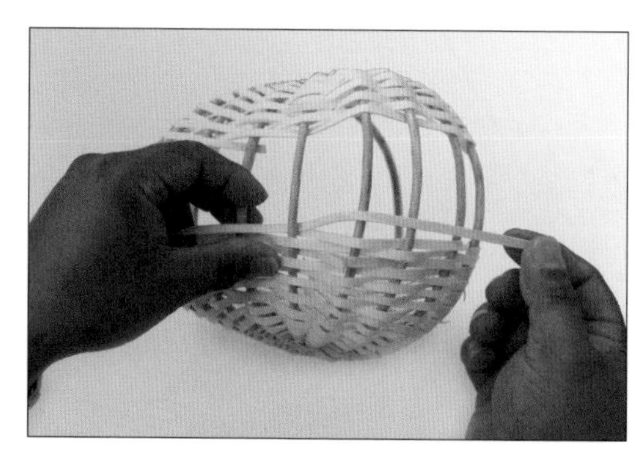

提示：当一根薄木皮纬线编织完时，取另一根薄木皮纬线，将其一末端在前一根纬线结束处重叠编织 3 根经线的距离，以此法进行新纬线的添加，然后继续编织，如图 2-17 所示。

图 2-17

四、篮筐提手的装饰

取 4 根直径约 0.3cm 的圆柳条，以提手的任意一端为始点（下称始点端），将 4 条圆柳条的一端分别沿提手始点端的外边缘插入，然后将 4 根柳条同时以螺旋式旋转的方式缠绕在篮筐提手上，一直缠绕到提手的另一对称端（下称终点端），如图 2-18、图 2-19 所示。

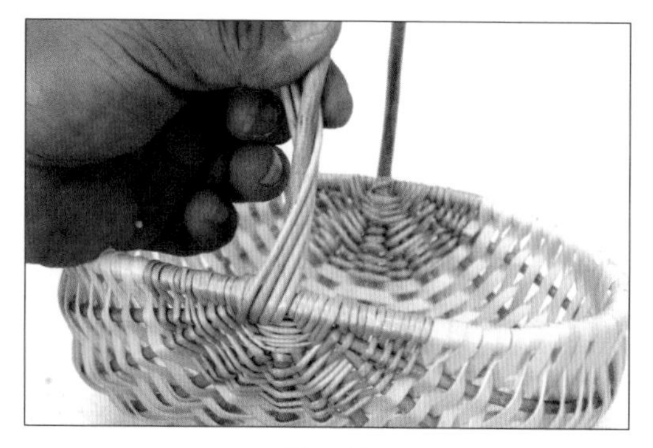

图 2-18

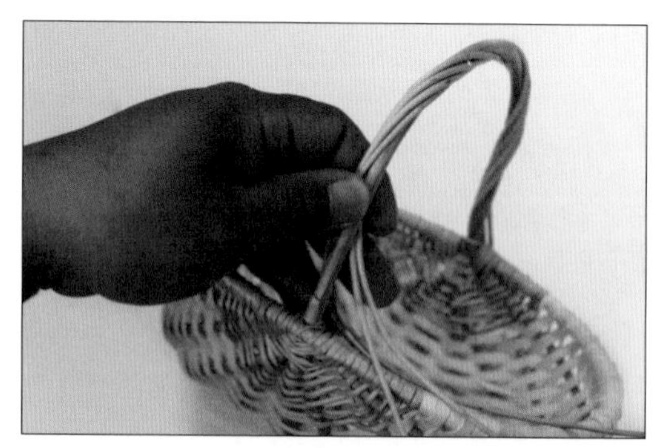

图 2-19

接着，再取另 4 根直径约 0.3cm 的圆柳条，将其一端在提手终点端的外边缘插入，然后将 4 根柳条同时以螺旋式旋转的方式往回缠绕篮筐提手，一直缠绕到提手的始点端，如图 2-20 所示。

图 2-20

取一根直径约 0.3cm 的圆柳条，从提手始点端的右侧外边缘插进，然后向左上方跨过提手的正面，再以顺时针方向环绕提手 5 圈，把上述 8 根圆柳条的末端与提手捆绑在一起，使之固定。最后把它的末端塞进上述装饰提手的柳条内侧收起，如图 2-21、图 2-22 所示。

提手的对称端依此法作同样的捆绑处理，如图 2-23 所示。

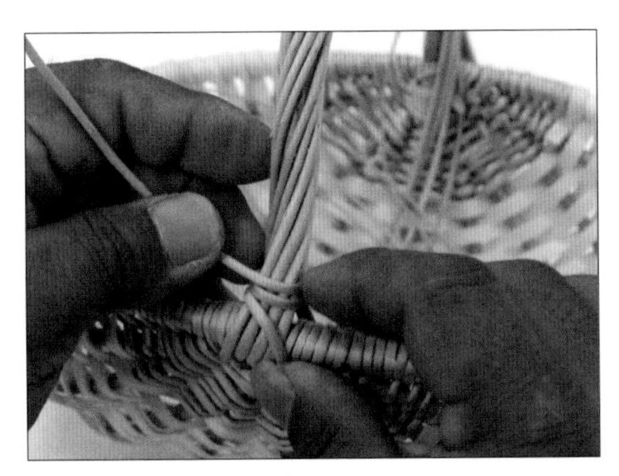

图 2-21

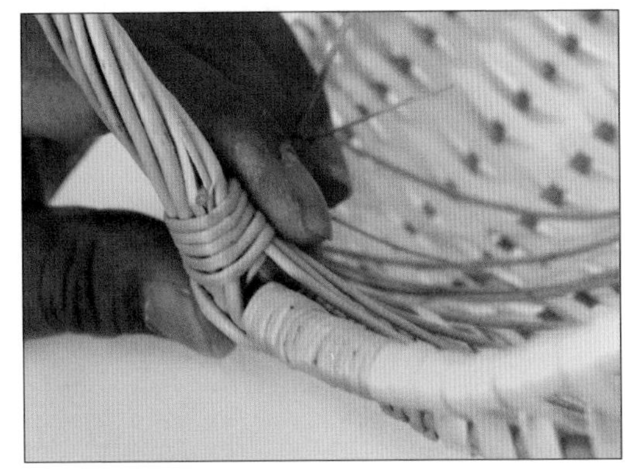

图 2-22

图 2-23

第二节 圆口柳条篮筐的编织技法

一、材料及工具

（1）直径约 0.8cm 的圆柳条，用作底座经线。

（2）直径约 0.1cm 的圆柳条，用作捆绑材料。

（3）直径约 0.3cm 的圆柳条，用作纬线。

（4）直径约 0.5cm 的圆柳条，用作筐体经线。

二、底座的编织

取 10 根直径约 0.8cm 的圆柳条经线，将其裁剪成每根约 15cm 的长度。将此经线浸泡 3 分钟左右，使其不易被折断。

取其中 5 根圆柳条经线，用锥子在每根经线的中心部位扎开一个约 6cm 的长口，然后将其以水平方向并排排列（下称水平经线组）。取另外 5 根圆柳条经线，在同一平面上，从垂直方向并列插进前 5 根经线被扎开的口中（下称垂直经线组），两者以中心点相交，如图 2-24、图 2-25 所示。

图 2-24

图 2-25

以二棱相交环绕编织法固定两组经线的相交点。取两根直径约 0.2cm 用作捆绑的圆柳条，将其一端由上往下从垂直经线组的左侧插入水平经线组的中心开口处。然后将两根柳条分开，分别在垂直经线组上半部分的正面与背面跨过，并在其右侧交叉后，上下转换位置；之后分别

图 2-26

图 2-27

图 2-28

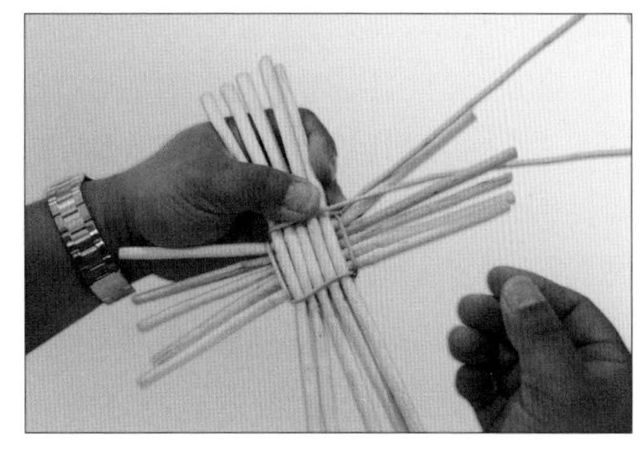

图 2-29

图 2-30

图 2-31

跨过水平经线组右侧部分的正面与背面，再交叉转换位置；……依此方法按顺时针方向编织，回到始点时结束这一步骤，如图 2-26、图 2-27、图 2-28、图 2-29 所示。

然后，把水平经线组与垂直经线组轻轻掰开，以形成一个圆的形状，并将每一根经线作为一个编织单元。将两根 0.1cm 的圆柳条继续以二棱相交环绕编织法进行编织，将纬线两端在始点经线的右侧相交叉后，上下转换位置；然后分别跨过始点经线右侧紧邻的经线的正反面，之后再相互交叉，上下转换位置；再分别跨过右侧经线的正反面，之后再相互交叉，上下转换位置……依上述编织方法，按顺时针方向进行编织，当编织回到始点时结束此行编织，并将纬线的末端插入始点经线中心开口处收好，如图 2-30、图 2-31 所示。

以任意一根经线为始点。将纬线放置在始点经线的正面，然后以向右上挑一根经线、下压一根经线，再上挑一根经线……的平编法进行第 1 行的编织，约编织 7 根经线的距离后先暂停此根纬线的编织。然后取另一根纬线，放置在始点经线左侧紧连的一根经线正面，以向右上挑一根经线、下压一根经线……的平编法进行第 2 行的编织，约编织 7 根经线的距离后先暂停此根纬线的编织。

依上述斜向追踪编织法编织约 22 行，依次以上一行始点经线的左侧紧连的一根经线为始点，添加一根新纬线进行另一行平编法的编织，但必须保持一直都追赶不上前一根纬线的状态。

然后把底座经线的末端剪断与最后一行纬线的外边缘齐平，如图 2-32、图 2-33 所示。

图 2-32

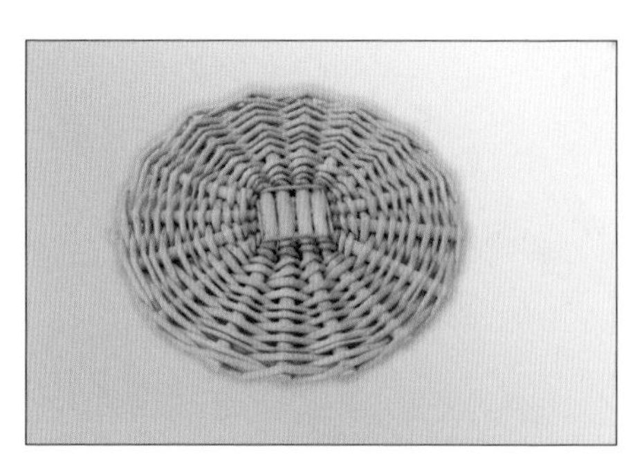

图 2-33

提示：当以一根经线为一个编织单元时，应一边编织一边将经线稍稍拉开一点间隙，使经线最终形成间隔均等的放射状圆形。

三、筐体的编织

1. 筐体经线的添加

取 20 根直径约 0.5cm 的圆柳条作为筐体经线，将其浸泡约 20 分钟，使其变得柔软，不易被折断。分别将 20 根筐体经线的一端约 2cm 处对半削成斜面如图 2-34（a）所示。以底座任意一根经线为始点，把筐体经线分别从底座经线的右侧均匀地插入，为了稳固，插入的深度约为底座 10 行纬线的距离。在始点经线左侧再插入一根经线，然后在相隔 4 根经线后的第 5 根经线的左侧再插入一根经线，使经线数达到 20 根，如图 2-34（b）所示。

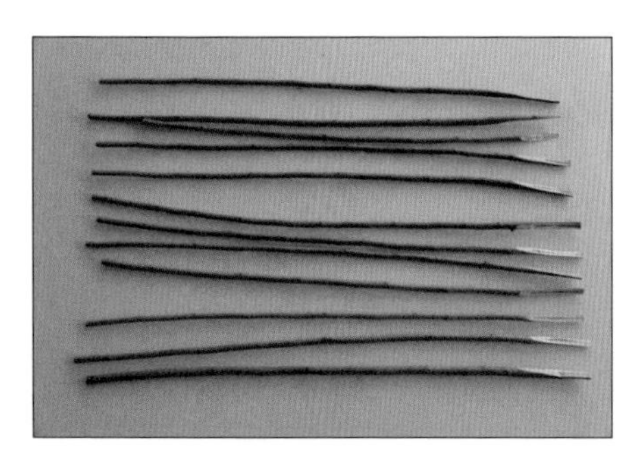

图 2-34（a）

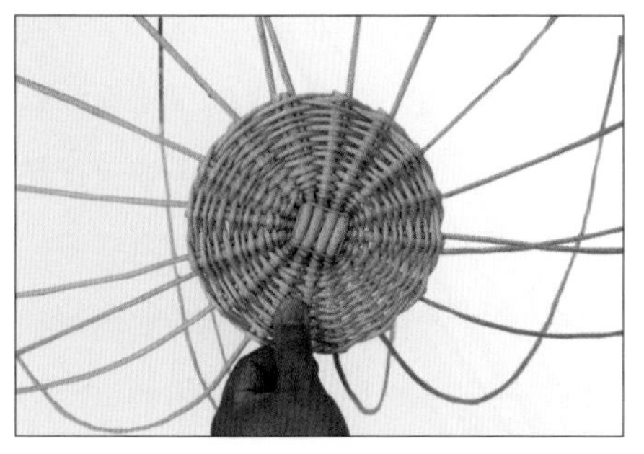

图 2-34（b）

图 2-35

2. 筐底经线转折定型 1

以任意一根经线为始点（标示为第 1 根经线，以下按顺时针方向依次为第 2、第 3……第 20 根经线）。轻轻将始点经线向右侧折弯，然后下压其右侧第 2、第 3 根经线，再从第 3 根经线的右侧穿出，并在穿出点将其折弯，形成与底座相互垂直的关系；轻轻将第 2 根经线往右侧折弯，然后下压其右侧第 3、第 4 根经线，再从第 4 根经线的右侧穿出，在穿出点将其折弯，形成与底座相互垂直的关系，如图 2-35 所示……依此方法依次编织，当第 20 根经线编织完成后结束此行编织。

图 2-36

3. 筐底经线转折定型 2

这两行的编织主要是为了固定经线，使经线与底座保持垂直角度。以任意一根经线为始点。取 3 根直径约 0.3cm 的圆柳条纬线，分别在始点经线的正面与背面各插入一根纬线，在始点经线右侧的经线（标示为第 2 根经线）背面插入一根纬线，然后以三棱环绕编织法编织。每次都取最左侧纬线开始编织，向右下压两根经线，上挑一根经线，并从此经线的右侧穿出。依此方法依次编织，回到始点时结束一行的编织，共编织两行。

此编织法使底座边缘有种加厚及被装饰的效果，如图 2-36 所示。

图 2-37

4. 筐体斜向追踪平编法编织

以斜向追踪平编法编织，使筐体产生一种斜向上旋的编织效果。

以任意一根经线（标示为第 1 根经线，以下按逆时针方向分别标示为第 2、第 3……第 20 根经线）为始点，如图 2-37 所示。

取一根纬线，将其一端放置在始点经线的背面，然后以向右以下压第 2 根经线，再上挑第 3 根经线，下压第 4 根经线……的平编法编织。

取第 2 根纬线，将其一端放置在第 20 根经线背面，然后以向右下压始点经线、上挑第 2 根经线、下压第 3 根经线……的平编法编织。

取第 3 根纬线，将其一端放置在第 19 根经线的背面，然后以向右下压第 20 根经线、上挑始点经线、下压第 2 根经线……的平编法编织。

依此方法，按顺时针方向依次向左在每根经线背面添加纬线，然后向右以下压一根经线、上挑一根经线、下压一根经线……的平编法进行编织，这种编织会形成一种斜向上旋的效果。当编织至篮筐设计的高度时结束筐体的编织，并用剪刀把纬线的末端紧贴每根经线的背面剪断并收好，如图 2-38 所示。

图 2-38

提示：在进行此斜向追踪平编法编织时，关键的是每根纬线需依次追踪编织。

四、辫子的锁边方法

1. 第 1 步

以任意一根经线为始点。取 3 根直径约 0.3cm 圆柳条纬线，以三棱环绕编织法编织一行。即将两根纬线的一端分别放置在始点经线的正面与背面，第 3 根纬线的一端则放置在始点经线右侧的经线背面，然后，以每次取最左侧的纬线向右下压两根经线、上挑一根经线的方法编织，编织回到始点时结束一行的编织，如图 2-39、图 2-40 所示。

图 2-39

图 2-40

图 2-41

图 2-42

图 2-43

图 2-44

2. 第2步

用水喷湿经线。以任意一根经线为始点。把始点经线（标示为第 1 根经线，以下按逆时针方向依次为第 2、第 3……第 20 根经线）轻轻地向右折弯，然后按逆时针方向，上挑位于其右侧的第 2、第 3 根经线，再从第 3 根经线的右侧穿出；把第 2 根经线轻轻地向右弯折，然后上挑位于其右侧的第 3、第 4 根经线，再从第 4 根经线的右侧穿出；把第 3 根经线轻轻地向右弯折，然后上挑位于其右侧的第 4、第 5 根经线，再从第 5 根经线的右侧穿出；把第 4 根经线轻轻地向右弯折，然后上挑位于其右侧的第 5、第 6 根经线，再从第 6 根经线的右侧穿出，如图 2-41 所示。

此时以上第 1 ～第 4 根经线自然地向筐体外伸展。取其中最左侧的一根经线，向右下压筐体的第 4、第 5、第 6 根经线、上挑第 7 根经线，并从第 7 根经线的右侧穿出，如图 2-42 所示。

把第 5 根经线轻轻向右折弯，接着上挑位于其右侧的第 6、第 7 根经线，再从第 7 根经线的右侧穿出。此时，第 1 与第 5 根经线同时从第 7 根经线的右侧穿出并向筐体外伸展，如图 2-43 所示。

依此方法，依次编织第 6、第 7、第 8 根经线。按此法编织之后会形成 4 组经线（每组两根经线）向筐体外伸展，如图 2-44 所示。

取最左一组经线右侧的经线，向右下压第 9、第 10 根经线、上挑第 11 根经线，再从第 11 根经线的右侧穿出。此组经线余下的一根经线不再编织，待编织完成后剪断。取第 9 根经线，轻轻将其向右折弯，然后上挑位于其右侧的第 10、第 11 根经线，再从第 11 根经线的右侧穿出，与之前完成编织的也从第 11 根经线右侧穿出的经线重新组成新的经线组。依此法依次编织，每次都取最左侧的经线组进行编织，回到始点时结束，如图 2-45、图 2-46 所示。

用剪刀把向筐体外伸展的经线剪断，让其末端尽量藏在锁边的辫子下，如图 2-47 所示。

五、提手的编织

取两根直径约 0.5cm 的圆柳条，分别将其两端削尖。取其中一根，将其一端穿过筐口辫子的空隙，插进筐体任意一根经线的左侧，插入的深度约为 4 行纬线的深度。然后把它稍稍向右弯曲，将其另一端插进第 4 根经线的边壁，约 4 行纬线的深度。取另一根被削尖的圆柳条，在篮筐对称的一边作相同的安装，如图 2-48 所示。

图 2-45

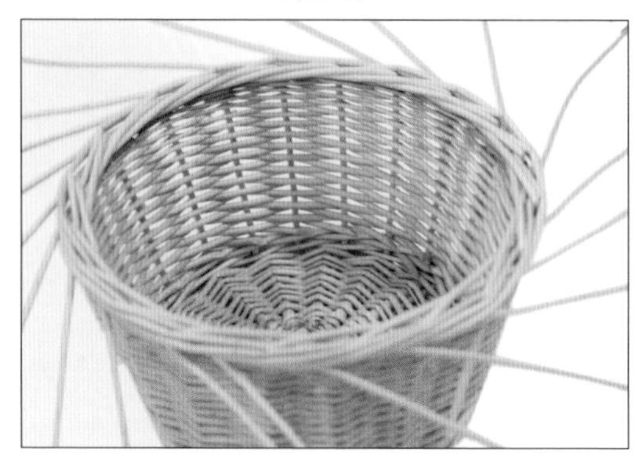

图 2-46

图 2-47

图 2-48

取 4 根直径约 0.3cm 的圆柳条，长度越长越好，用水喷湿。取其中一根，将其一端穿过锁边辫子的空隙后，插进提手的插入点旁边，然后从外到内、从内到外环绕着提手螺旋式转到提手的另一端。然后从内往外穿过锁边辫子后，向上再环绕着提手往回旋转回到始点端，之后把圆柳条的末端藏在经线背面。取另一根柳条，依上述方法把提手再缠绕一次，使提手变得厚实，便于手握，如图 2-49、图 2-50 所示。

另一侧的提手依上述方法作相同的环绕编织，效果如图 2-51 所示。

图 2-49

图 2-50

图 2-51

第三节 用藤条装饰木皮篮筐的编织技法

一、材料及工具

（1）20cm×20cm 薄夹板，染成蓝绿色，用作筐底材料。

（2）0.5cm 厚、1.5cm 宽的木条，染成蓝绿色，用作筐底内圆框材料。

（3）0.2cm 厚、1.5cm 宽的木条，染成蓝色，用作筐底外圆框材料。

（4）0.1cm 厚、2cm 宽的薄木皮，自然色，用作筐体经线和纬线。

（5）0.3cm 直径的圆柳条，自然色，用作筐体经线和纬线。

（6）0.2cm 宽的扁平藤条，染成蓝色，用作筐体纬线。

（7）0.3cm 厚、2cm 宽的木皮，自然色，用作筐口内外圆框材料。

（8）铁钉若干。

（9）锤子。

（10）圆规。

（11）铅笔。

（12）角磨机。

（13）锯子。

二、底座的制作

取一块 20cm×20cm 的薄夹板，把它染成蓝绿色。用圆规在夹板上画一个直径约为 18cm 的圆，然后用锯子把圆裁出，如图 2-52 所示。

接着，为了使圆的边更规则与光滑，用角磨机进行打磨，如图 2-53、图 2-54 所示。

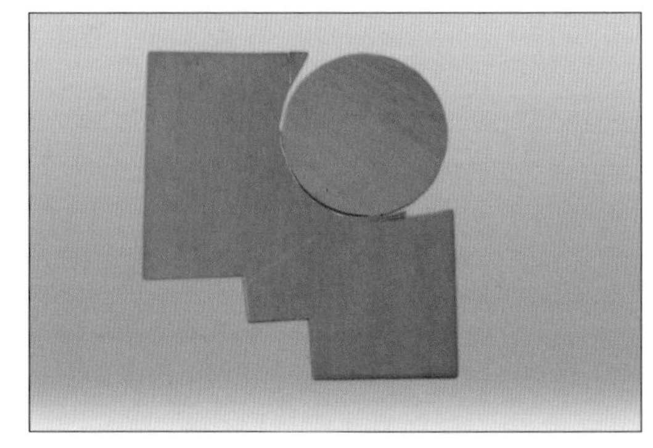

图 2-52

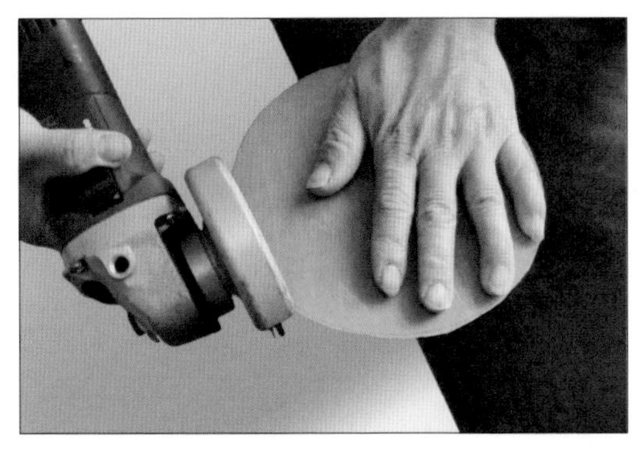

图 2-53

图 2-54

取一根与上述圆的周长相等的0.5cm厚、1.5cm宽的木条，把它染成蓝绿色，然后用刀将木条的一端约2cm处对角削去木条本身厚度的一半左右。在另一端的相反面也作相同的处理。

将该木条轻轻弯曲成圆框，首尾对接，圆框的大小与底座圆的大小相仿，然后把它放置在底座圆上。取若干铁钉，用锤子把钉子以等距的方式分别从木条的上端往下嵌入，将木条与底座固定在一起。为防止不牢固，将底座翻转置于上方，再往木条的方向等距钉一排钉子。

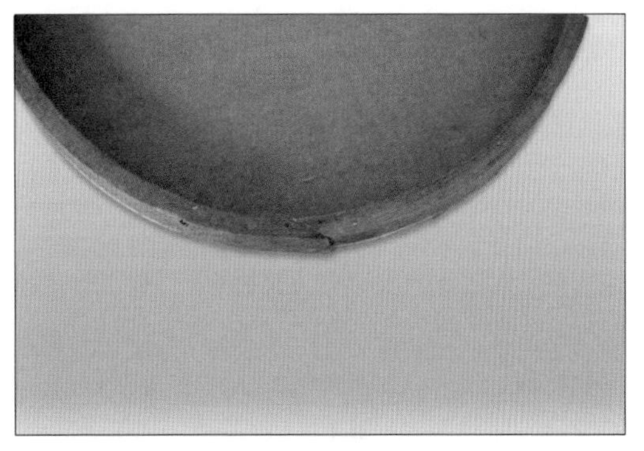

图 2-55

图 2-56

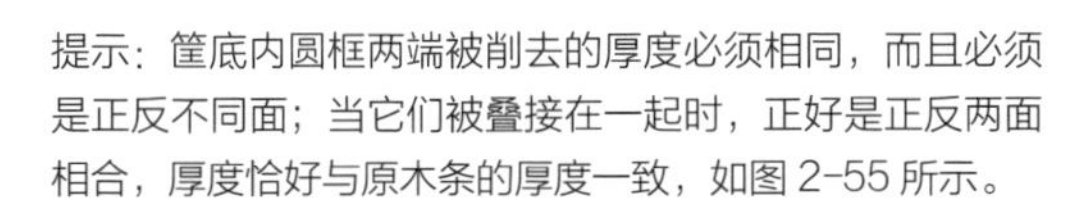

提示：筐底内圆框两端被削去的厚度必须相同，而且必须是正反不同面；当它们被叠接在一起时，正好是正反两面相合，厚度恰好与原木条的厚度一致，如图2-55所示。

提示：钉子不能突出底座或木条的上端，如图2-56、图2-57所示。

图 2-57

三、经线的添加与固定

取一根 0.2cm 厚、1.5cm 宽的木条，把它染成蓝色，用作篮筐底外圆框的材料。

裁剪 20 根 0.1cm 厚、2cm 宽、16cm 长的木皮，用作筐体经线。

裁剪 20 根直径 0.3cm、长度为 16cm 的圆柳条，用作筐体经线。

各取一根木皮经线与圆柳条经线，将圆柳条经线同向放置于木皮经线正面的中心部位，将两者的一端同时放置在底座的圆框外侧，与底座呈垂直关系。把蓝色木皮的一端沿着与底座圆框一致的方向压在前者的正面，然后用钉子把三者固定在底座的圆框上，如图 2-58 所示。

依照上述方法，把余下的木皮经线和柳条经线都固定在底座圆框外侧上，最终形成 20 组经线。

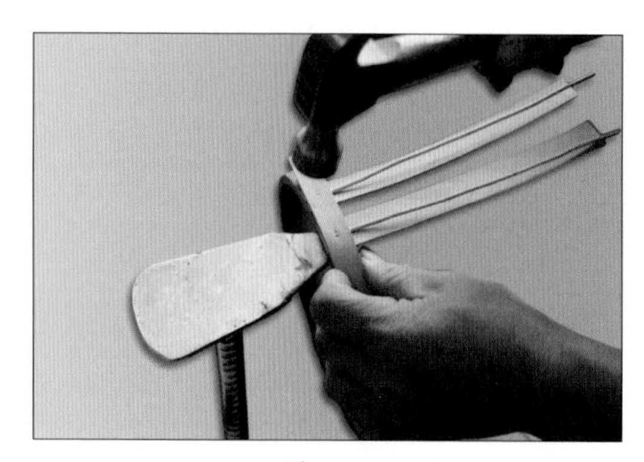

图 2-58

图 2-59

提示：每组经线之间需留出 1cm 左右的间隔，以便纬线的编织，如图 2-59 所示。

四、筐体的编织

1. 第 1 行圆柳条纬线的编织

取两根直径约 0.3cm 的圆柳条作为纬线，以二棱相交环绕编织法编织一行。

①以任意一组经线为始点。将一根纬线的一端依照从右向左的方向放置在始点经线组的正面（被称为“第 1 根纬线”）；将另一根纬线依照从右向左的方向放置在始点经线组的背面（被称为“第 2 根纬线”）。

②取第 1 根纬线，向右上挑与始点经线紧邻的一经线组，并从此经线组的右侧穿出，回到筐体外侧；取第 2 根纬线，向右下压同一经线组，并从此经线组的右侧穿到筐体的内侧……依此方法，将两根纬线分别依次交替向右下压、上挑同一经线组进行编织。编织回到始点处时结束一行的编织，如图 2-60 所示。

图 2-60

提示：编织回到始点后，首尾重叠编织约 3 个经线组的距离后停止，然后剪断纬线的末端，并分别藏在经线的背面。此法可以使纬线的首尾连接更结实牢固。

2. 筐体收口内框架的固定

取一根 0.3cm 厚、2cm 宽的自然色木皮，浸泡 2~3 分钟，使其变得柔软，不易被折断。将其首尾约 4cm 处的相反面削薄，然后将其慢慢弯曲，做成一个直径为 20cm 的圆框，首尾重叠 4cm，并用铁钉固定。把圆框放在筐体内侧上部，约为经线长度 2/3 的地方，然后用夹子或铁钉把它固定在两根对称的经线上。此圆框作为筐体收口的内框架，如图 2-61 所示。

图 2-61

3. 第 2 行薄木皮纬线的编织

取一根 0.1cm 厚、2cm 宽的本色薄木皮，用作纬线。以任意一经线组作为始点，将纬线一末端放置于始点经线组的正面，然后按逆时针方向以上挑始点经线组右侧第 2 经线组、下压第 3 经线组、上挑第 4 经线组、下压第 5 经线组……的平编法进行编织。编织回到始点时，首尾重叠编织 3 个经线组的距离后结束，并把纬线的末端剪断，藏在经线组的背面，如图 2-62、图 2-63 所示。

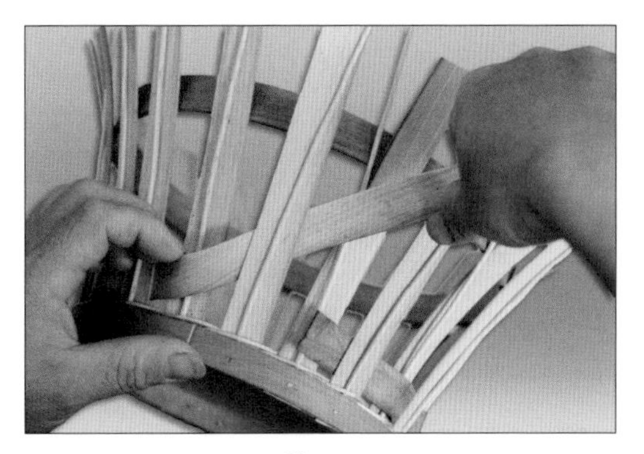
图 2-62

4. 第 3 行薄木皮纬线与装饰条的同步编织

各取一根 0.1cm 厚、2cm 宽的本色薄木皮和被染成蓝色的扁平藤条作为纬线，同步编织。

①以任意一经线组为始点。将木皮纬线的一末端放置在始点经线组的正面，然后上挑其右侧紧邻的经线组，并从该经线组的右侧穿出。

②在始点经线组第 2 行的位置，将蓝色藤条纬线的一端放置在柳条经线的背面，如图 2-64 所示；然后由右向左环绕该柳条经线一圈；之后跨向右上方，在第 2 经线组、第 3 行的位置，穿过经线组的柳条经线背面，再由右向左环绕该柳条经线一圈；之后跨向右下方，在第 3 经线组、第 2 行的位置，穿过该经线组的柳条经线背面，再由右向左环绕该柳条经线一圈，如图 2-65、图 2-66 所示。

依照上述编织法，按逆时针方向，依次先以木皮纬线下压一经线组、上挑一经线组后，再进行藤条纬线的编织。回到始点时首尾重叠编织 3 经线组的距离后，将末端藏在经线背面，结束此行的编织。

5. 第 4~6 行薄木皮纬线与装饰条的同步编织

依照第 3 行的编织法编织第 4~6 行。第 6 行编织完毕后，用剪刀将经线剪短至与收口内框架齐平。第 6 行的纬线也需与收口内框架齐平，如图 2-67 所示。

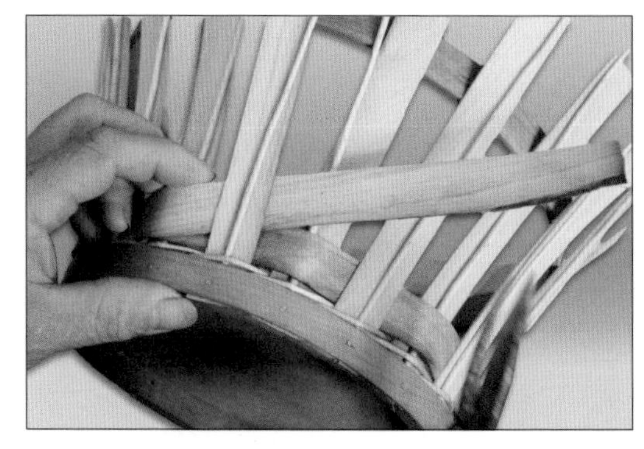

图 2-63

图 2-64

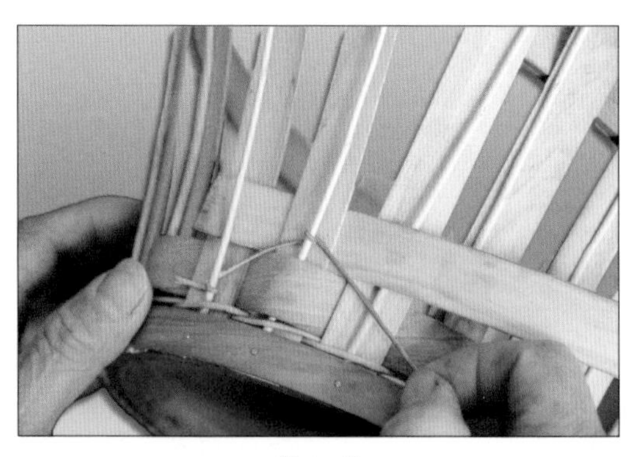

图 2-65

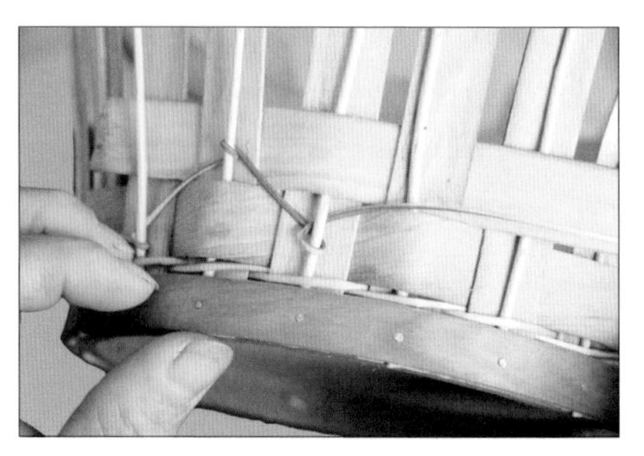

图 2-66

五、筐口的安装

取一根0.3cm厚、2cm宽的本色木条，用作筐口外框的材料。浸泡2~3分钟，使其变得柔软，不易被折断。将其首尾约4cm处的相反面削薄，并将其以一端被削薄面向外的方式放置在筐体口外侧任意一根经线组上，用铁钉把它与经线组、第6行纬线以及内圆框固定在一起。依次在每相隔一经线组的位置钉上一个钉子，回到始点时，首尾对接重叠后用钉子固定。

接着，从内框架往外框架的方向加钉子固定，此时钉钉子的经线正好是外框向内框方向加钉子间隔的经线，最终效果如图2-68所示。

图2-67

提示：外框架必须与内框架齐平。经线的末端需紧凑地排列。用于固定的铁钉不可突出内外侧框架，以达到美观、安全的效果。

图2-68

编织过程视频
扫一扫

第四节 带提手的长方形柳条篮筐的编织技法

一、材料

（1）直径约 0.8cm 的圆柳条，用作筐底经线。
（2）直径约 0.5cm 的圆柳条，用作筐体经线。
（3）直径约 0.3cm 的圆柳条，用作筐体纬线。

二、筐底的编织

1. 经线的剪裁与排列

取 10 根直径约为 0.8cm 的圆柳条，裁成每根约 30cm 长，作为筐底经线。将其浸泡 30 分钟，使其变得柔软，不易被折断。

以两根圆柳条经线为一组，并排放置成 5 组。从左到右标示为第 1 组经线、第 2 组经线……第 5 组经线，每组的间隔约为 3cm。为了便于编织，在 5 组经线的背面垫一块木块，使经线与地面成 30 度斜角。另外，在 5 组经线的正面压一根木条，使 5 组经线平稳，以保证在编织过程中不易移动，每组经线的间隔必须保持一致，如图 2-69 所示。

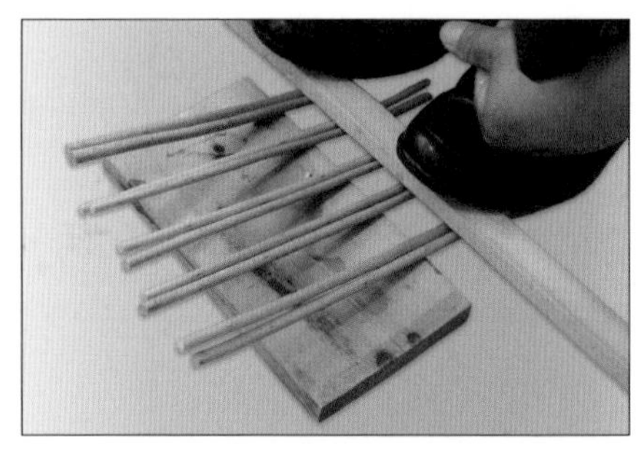
图 2-69

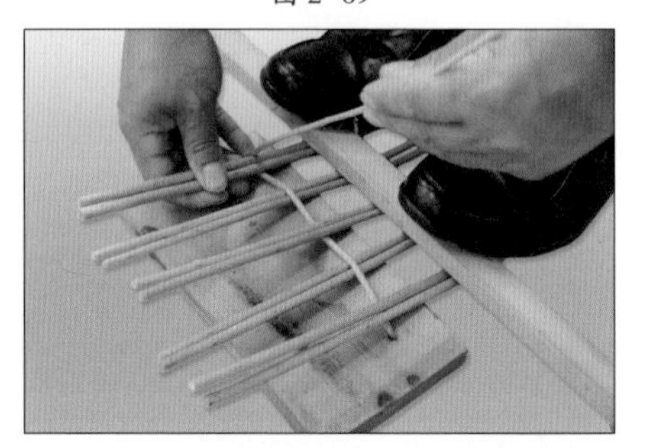
图 2-70

2. 往返平编法

取一根直径约为 0.3cm 的圆柳条作为纬线，将其一端放置在最左侧一组经线的背面作为始点。然后以下压右侧第 2 组经线、上挑第 3 组经线、下压第 4 组经线、上挑第 5 组经线的平编法进行第 1 行的编织。

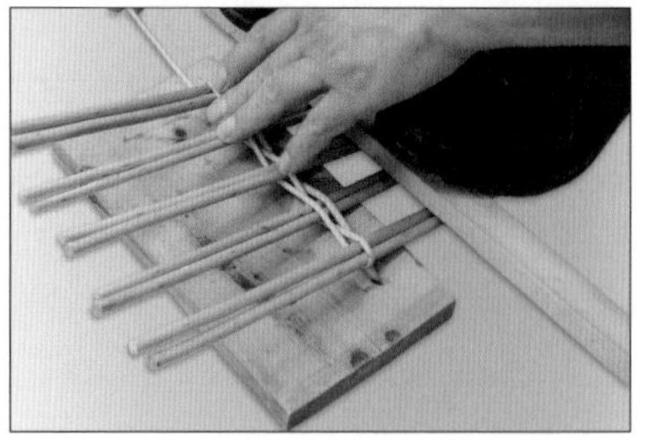
图 2-71

当编织到第 5 组经线时，纬线由下向上、由右向左跨过第 5 组经线正面之后，向相反方向从右到左进行编织，即通过上挑第 4 组经线、下压第 3 组经线、上挑第 2 组经线、下压第 1 组经线的平编法编织第 2 行，下压上挑的顺序正好与第 1 行相反，如图 2-70 所示。

当编织回到第 1 组经线时，纬线由上向下、由左向右跨过第 1 组经线的正面之后，再向相反方向从左到右依照第 1 行的编织法进行第 3 行的编织，如图 2-71 所示。

依此往返平编法编织 64 行。当第 64 行编织完毕时，将纬线的末端绕过经线后插入第 63 与第 64 行之间的空隙处收好。然后将经线的两末端剪齐，分别与第 1 行和第 64 行纬线齐平，如图 2-72、图 2-73、图 2-74、图 2-75 所示。

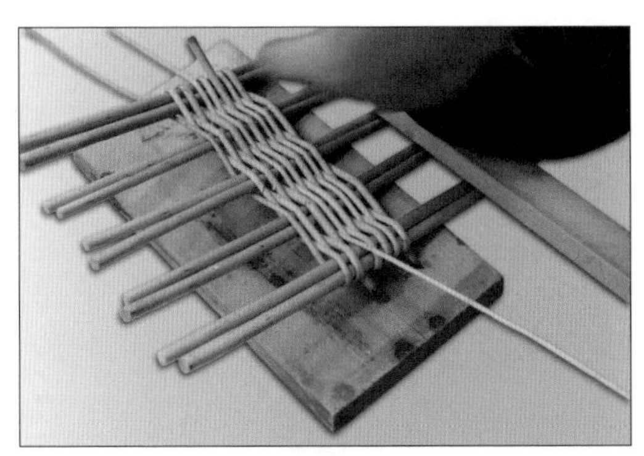

图 2-72

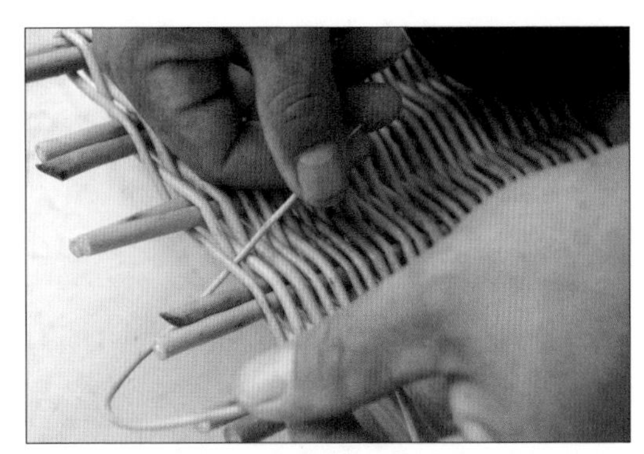

图 2-73

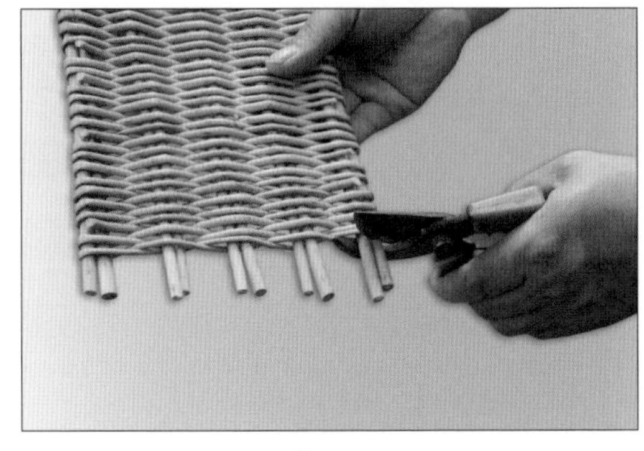

图 2-74

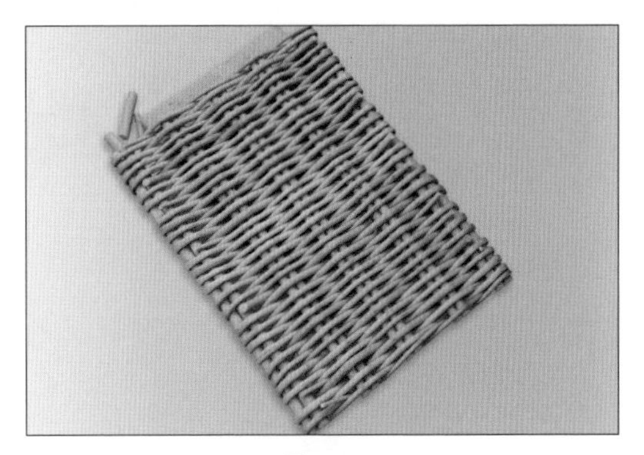

图 2-75

提示：圆柳条纬线的添加方式为，当一根纬线编织完成、需添加一根新纬线时，将新纬线的一端并排紧贴在旧纬线的末端，然后依照旧纬线的编织方向继续编织即可。

3. 筐底添加经线法

新经线的添加：取 12 根直径为 0.5cm 的圆柳条作为新经线，把其一端削尖，分别沿筐底经线的方向，从其两端插入约 5 行纬线的深度，如图 2-76 所示。取 14 根直径为 0.5cm 的圆柳条作为新经线，把其一端削尖，在同一平面上分别从与筐底经线垂直的方向插入约 5cm 的深度，如图 2-79、图 2-80 所示。

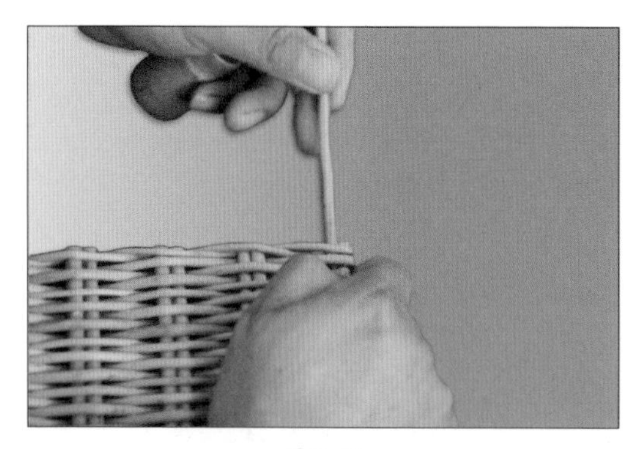

图 2-76

图 2-77

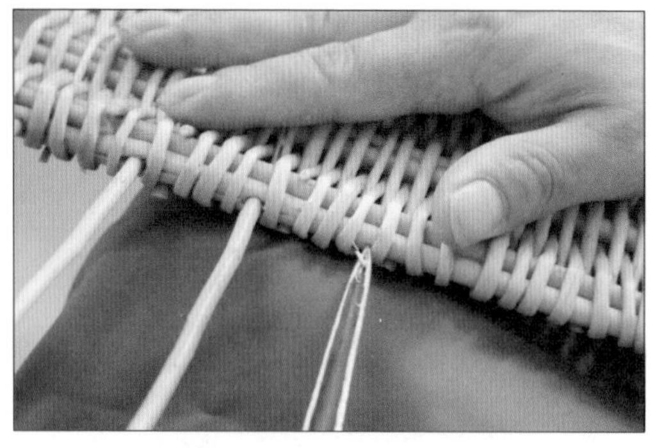

图 2-78

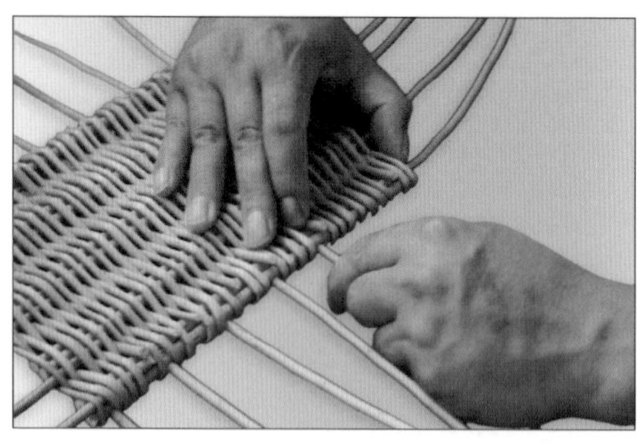

图 2-79

图 2-80

提示：为了保证新经线之间的间隔大约一致，在插入时有以下几点要求。

（1）新经线从第 1 组与第 5 组两根经线的中间插入。

（2）新经线从第 2 组经线的左侧插入，从第 4 组经线的右侧插入。

（3）在第 3 组经线的两侧各插入一根新经线，如图 2-77 所示。

提示：先用锥子在需插入新经线的地方轻轻钻动，以形成足够的空隙，易于插入新经线；每根新经线之间的间隔需均等，如图 2-78 所示。

4. 三棱环绕编织法

用水喷湿新经线，在贴近筐底边缘处把新经线轻轻折弯，并与筐底成垂直的关系，如图 2-81、图 2-82 所示。

取 3 根直径为 0.3cm 的圆柳条作为纬线，采用三棱环绕编织法进行编织。以任意一根经线作为始点，将一根纬线的一端放置在始点经线的背面，其他两根纬线的一端分别放置于始点经线右侧紧邻的两根经线背面。取最左侧的纬线开始编织，纬线向右下压两根经线后，再上挑下一根经线，并从该经线的右侧穿回到筐体外侧。然后，每次都取最左侧的纬线依此方法重复以上编织步骤，编织回到始点时结束一行的编织，如图 2-83 所示。

图 2-81

图 2-82

图 2-83

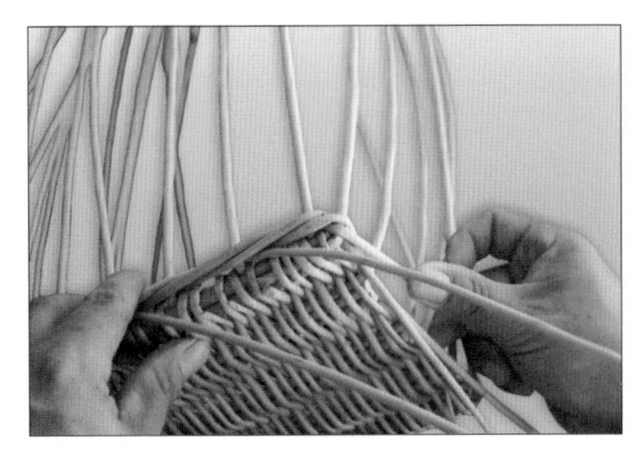

图 2-84

提示：编织至转角位置时，用水喷湿纬线，然后顺着转角的方向轻轻地把纬线折弯再进行编织，如图 2-84 所示。

依照上述三棱环绕编织法再编织一行，然后依次在紧贴经线的地方把纬线末端剪断，并分别藏在经线的背面，如图 2-85 所示。

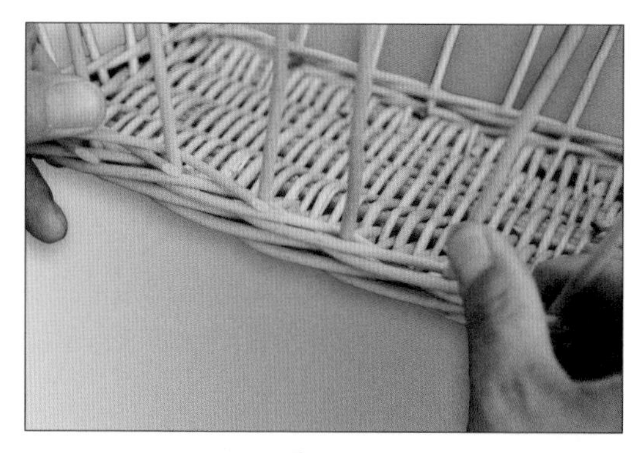
图 2-85

5. 辫子锁边法

用水喷湿经线，使其变得柔软，不易被折断。在靠近转角的位置任选一根经线作为始点，并将其轻轻向右折弯。然后将其作为纬线上挑其右侧的一根经线，下压第 2、3 根经线，并从第 3 根经线的右侧穿过，末端向筐体内侧伸展。最后将其末端剪断，并藏在第 4 根经线的背面，如图 2-86 所示。

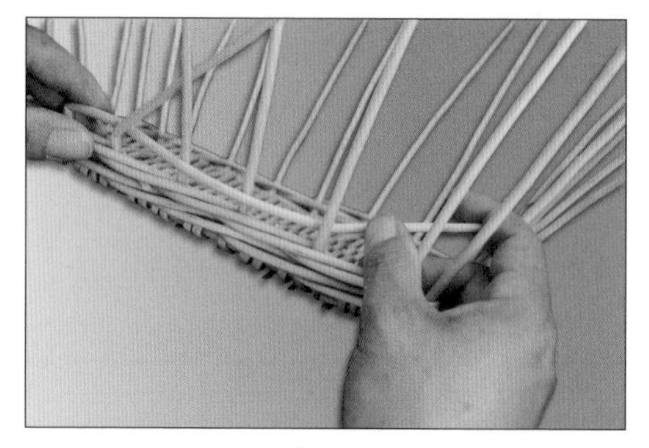
图 2-86

取始点右侧的第 2 根经线，将其轻轻向右折弯。然后将其作为纬线上挑其右侧的一根经线，下压其右侧的第 2、3 根经线，再从第 3 根经线的右侧穿过，末端向筐体内侧伸展。最后将其末端剪断，并藏在第 4 根经线的背面，如图 2-87 所示。

图 2-87

依照上述方法依次将经线向右折弯后作为纬线进行编织，直至所有经线编织完成，如图 2-88 所示。

图 2-88

提示：

（1）编织至倒数第 3 根经线，在上挑其右侧的第 1 经线，下压第 2、3 根经线时，因其右侧第 3 根经线为始点经线，已被编织，所以需要将倒数第 3 根经线的末端从始点经线右侧的空隙中由外向内插入，然后在紧邻的下一根经线背面的位置剪断其末端，如图 2-89 所示。

（2）倒数第 2 根经线依此方法完成编织，如图 2-90 所示。

（3）当编织最后一根经线时，先用锥子轻轻在其右侧的经线旁边钻出一点空间，然后把最后一根经线的末端从内向外穿过，再跨过右侧第 2、第 3 根经线后，从外向内穿过第 3 根经线右侧的缝隙，把其末端剪断并收藏在经线的背面，如图 2-91、图 2-92 所示。

（4）最后用剪刀将经线的末端修剪整齐，都藏在经线的背面，如图 2-93、图 2-94 所示。

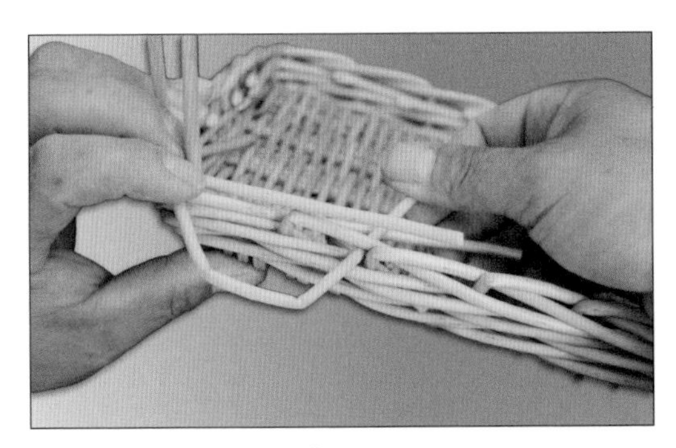

图 2-89

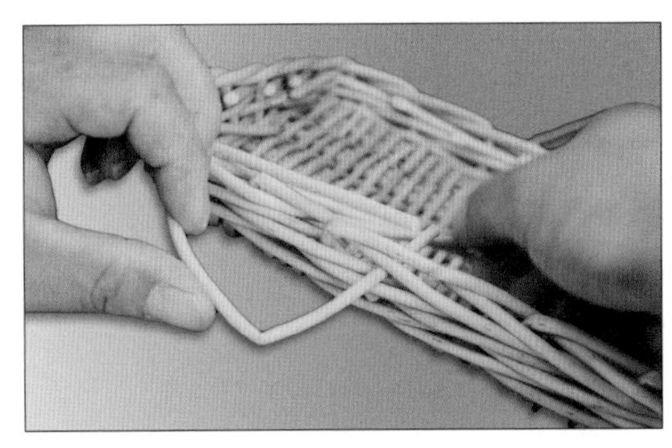

图 2-90

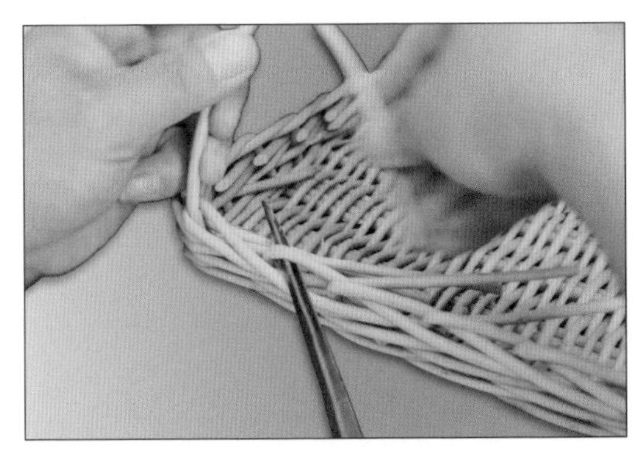

图 2-91

图 2-92

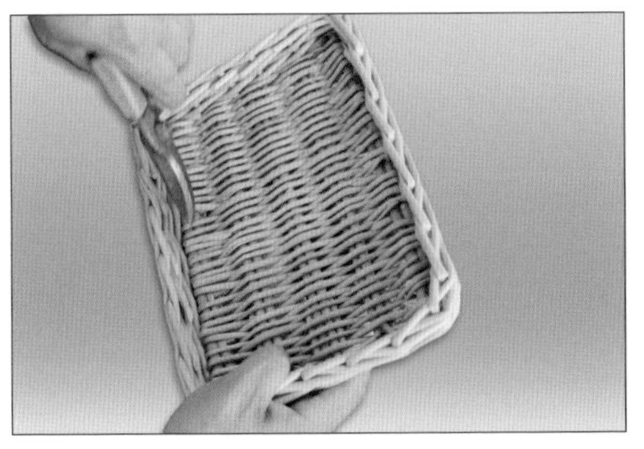

图 2-93

图 2-94

三、筐体的编织

1. 经线的添加

把筐底翻转放置。取 30 根直径为 0.5cm 的圆柳条，分别将其一端稍稍削尖。然后，在同一平面上在与底座经线相同方向的两端分别等距添加 6 根经线，即在底座每组经线的一侧各添加 1 根；在与底座经线垂直的方向分别等距添加 9 根经线，一般相隔 4 行纬线添加 1 根，如图 2-95 所示。

2. 筐体的编织

用水将新添加的经线喷湿，并依次轻轻将其向上折弯，使其与底座成垂直关系，如图 2-96 所示。

（1）以三棱环绕编织法编织 2 行。

选择任意一根经线作为始点，取 3 根直径约为 0.3cm 的圆柳条作为纬线，以三棱环绕编织法进行编织。将一根纬线的一端放置于始点经线的背面，其他两根纬线的一端分别放置于始点经线右侧紧邻的两根经线背面。取最左侧的纬线开始编织，纬线向右下压两根经线后，上挑紧邻的下一根经线，并从该经线的右侧穿出，末端向筐体外侧伸展。之后每次都取最左侧的纬线依此方法重复以上编织步骤，当编织回到始点时结束一行的编织，如图 2-97 所示。

图 2-95

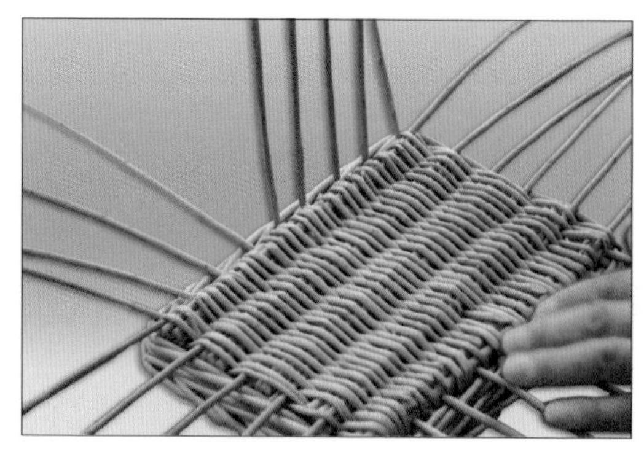
图 2-96

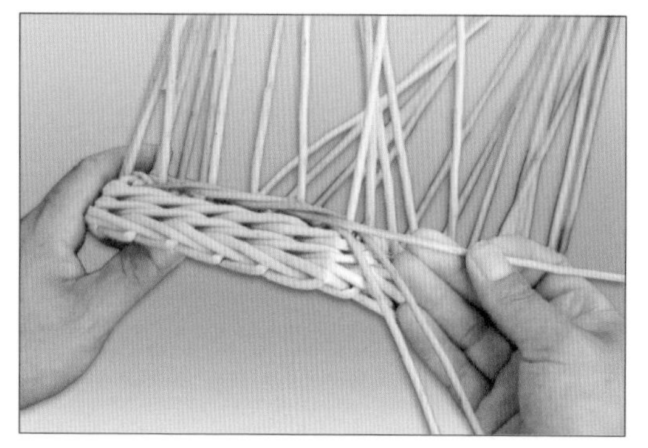
图 2-97

依上述三棱环绕编织法再编织一行，然后依次在紧贴经线的地方把纬线末端剪断，并分别藏在经线的背面。

（2）以斜向追踪平编法编织 29 行。

以任意一根经线为始点。

取一根直径约 0.3cm 的圆柳条作为纬线，将其一端放置于始点经线的背面，然后向右依次下压一根经线、上挑一根经线、下压一根经线、上挑一根经线。

取第 2 根直径约 0.3cm 的圆柳条作为纬线，将其一端放置于始点经线左侧第 1 根经线的背面，然后依次向右下压一根经线、上挑一根经线、下压一根经线、上挑一根经线。

取第 3 根直径约 0.3cm 的圆柳条作为纬线，将其一端放置于始点经线左侧第 2 根经线的背面，然后依次向右下压一根经线、上挑一根经线、下压一根经线、上挑一根经线，如图 2–98 所示。

依上述方法按顺时针方向依次在每根经线的背面添加纬线，然后以向右下压一根经线、上挑一根经线、下压一根经线……的平编法进行编织。每次取左侧纬线编织 4 根经线，一直呈追踪编织的状态。这种编织形成一种斜向上旋的效果。当编织的高度达到篮筐设计的高度时结束筐体编织。最后将每根纬线的末端分别在每根经线的背面依次剪断并收好，如图 2–99 所示。

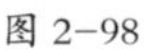
图 2–98

图 2–99

提示：在用斜向追踪平编法编织时，关键的是每根纬线需依次追踪编织。

四、筐口的辫子收边法

1. 三棱环绕编织法

以任意一根经线为始点。取 3 根直径为 0.3cm 的圆柳条作为纬线，依前述三棱环绕编织法编织一行，如图 2-100 所示。

2. 辫子收边法

用水喷湿所有的经线，使其变得柔软，不易被折断。

在篮筐转角处附近选一根经线作为始点，并轻轻将其向右折弯，作为纬线进行编织，即上挑始点经线右侧的第 2、第 3 根经线，再下压右侧第 4、第 5、第 6 根经线，之后将其末端藏在第 7 根经线的背面。

取始点经线右侧的第 2 根经线，将其轻轻向右折弯，然后作为纬线上挑第 3、第 4 根经线，再下压位于其右侧的第 5、第 6、第 7 根经线，之后将其末端藏在第 8 根经线的背面，如图 2-101、图 2-102、图 2-103、图 2-104 所示。

依上述方法依次将经线向右折弯后作为纬线进行编织，直至所有经线编织完成。

提示：在始点经线及其右侧第 2、第 3 根经线被折弯时，让其留有一定的空隙，以便最后 3 根经线编织时有足够的空间插进。

图 2-100

图 2-101

图 2-102

图 2-103

图 2-104

编织完成后，用剪刀将纬线的末端修剪齐整，如图 2-105 所示。

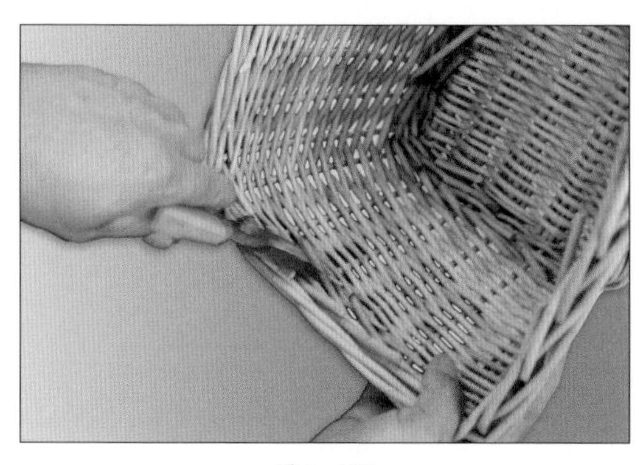
图 2-105

五、篮筐提手的添加与编织

取两根直径约 1cm 的圆柳条作为提手，用水喷湿，并将其两端分别削尖。

篮筐口呈长方形，在其两个长边上添加提手。以两边边长中心点的经线作为添加点，沿着对称的两处经线的边缘，用锥子从筐口收口辫子的中间把纬线轻轻钻松，以留出一定的空隙。把作为提手的圆柳条的两端分别从两个空隙处插入，约插进 4~5 行纬线的深度，如图 2-106、图 2-107 所示。

图 2-106

图 2-107

取 4 根直径约为 0.3cm 的柳条，用水喷湿。将其一端（下称“始点端”）沿着提手的外侧边缘均匀插入，然后由外向内、由内向外、由下向上绕着提手向上螺旋式旋转，一直旋转至提手对称的另一端（下称“终点端”），如图 2-108 所示。

再将柳条的末端从内向外穿过筐口的收口辫子，到达筐体的外侧，如图 2-109 所示。

图 2-108

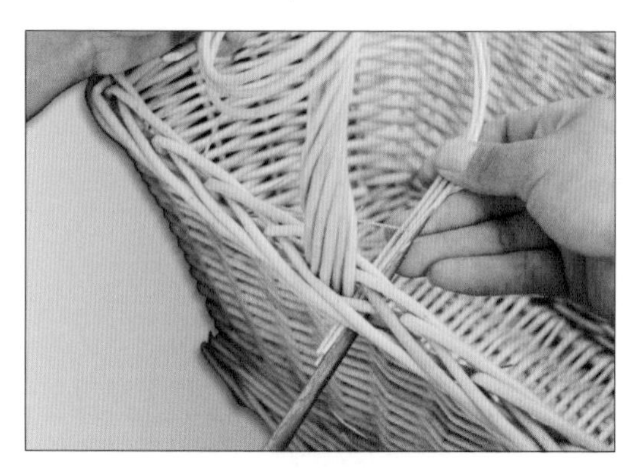
图 2-109

再取 4 根直径约为 0.3cm 的柳条，用水喷湿。依上述方法，从终点端以相反的方向螺旋式旋转回始点端，再将柳条的末端从内向外穿过筐口的收口辫子，到达筐体的外侧，如图 2-110 和图 2-111 所示。

经过上述处理，提手被旋转的柳条完全覆盖。

图 2-110

图 2-111

接着，取两根直径约为 0.3cm 的圆柳条，分别以绕圈的方式，将两端的提手及柳条的末端捆绑在一起加以固定，如图 2-112~ 图 2-114 所示。

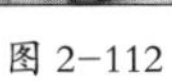
图 2-112

图 2-113

图 2-114

第五节 交叉刺尾针篮筐的编织技法

编织过程视频

扫一扫

一、材料

（1）直径约 0.5cm 的圆柳条，用作筐体经线。

（2）直径约 0.3cm 的圆柳条，用作筐体纬线。

（3）直径 0.3cm 的圆柳条，用作底座纬线。

二、底座的编织

取 16 根直径为 0.5cm 的圆柳条作为经线，经线越长越好，但不可卷曲。在水中浸泡约 2 分钟，使其变柔软，不易被折断。

把 16 根经线分为 4 组，每组 4 根。将 4 组经线平摊放在桌子上或地面上，并在每组经线的中心点用铅笔做一标记。

取第 1 组经线，并排以水平方向（即 9/3 点钟方向）放置在地面上；取第 2 组经线，在同一平面上以垂直于第 1 组经线的方向（即 12/6 点钟方向）放置，中心点相交；取第 3 组经线，在同一平面上以 10/4 点钟方向放置，中心点相交；取第 4 组经线，在同一平面上以 2/8 点钟方向放置，中心点相交。此时以相交点为界，形成 8 组经线，以 4 根经线为一组，如图 2-115 所示。

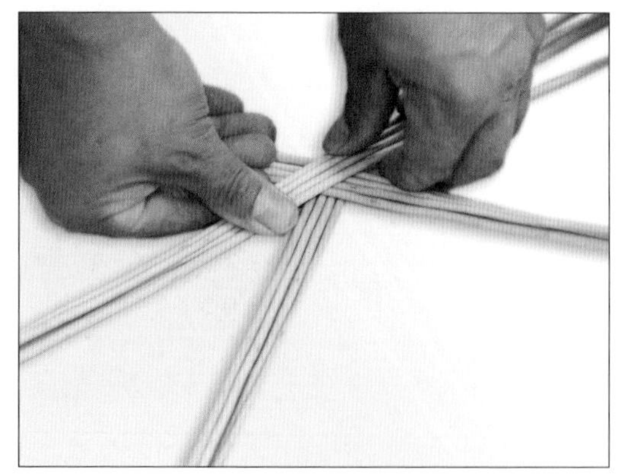

图 2-115

第 1 行：取两根直径约为 0.3cm 的圆柳条作为纬线，将两根纬线作为一组纬线同时编织。将纬线的一端放置在 3 点钟方向经线组（最底下一组经线）的背面，为了牢固，纬线的末端可以留长一些；然后按顺时针方向，以下压 4 点钟方向经线组、上挑 6 点钟方向经线组、下压 8 点钟方向经线组、上挑 9 点钟方向经线组、下压 10 点钟方向经线组、上挑 12 点钟方向经线组、下压 2 点钟方向经线组的平编法编织一行。

第 2 行：依上述方法，进行第 2 行的编织。当纬线下压 2 点钟方向经线组后，上挑 3 点钟方向经线组、下压 4 点钟方向经线组……回到 2 点钟方向经线组时，第 2 行编织结束，如图 2-116 所示。

图 2-116

第 3 行：以顺时针方向，将上述纬线组以下压 3 点钟方向经线组、上挑 4 点钟方向经线组、下压 6 点钟方向经线组、上挑 8 点钟方向经线组、下压 9 点钟方向经线组、上挑 10 点钟方向经线组、下压 12 点钟方向经线组、上挑 2 点钟方向经线组的平编法进行编织。将靠内侧的纬线的末端在 3 点钟方向经线组的正面剪断，靠外侧的纬线则继续上挑 4 点钟方向经线组，然后在该经线组的右侧剪断其末端，如图 2-117 所示。

图 2-117

第 4 行：取两根纬线，分别将其一端削尖，然后分别在 4 点钟方向经线组的正面与背面插入第 1 行纬线编织处；纬线跨过此经线组后，在其右侧交叉，纬线上下转换方向；把 6 点钟方向经线组一分为二，以两根经线为一组；纬线跨过第 1 组经线后，在其右侧交叉，纬线上下转换方向，再跨过第 2 组经线，并在其右侧交叉，纬线上下转换方向……依此方法，把以 4 根为一组的各经线组一分为二，以两根经线为一组，按照二棱相交环绕编织法编织一行，如图 2-118 所示。

图 2-118

第 5~12 行：以两根经线为一组，以纬线上挑、下压经线组的平编法编织 5 行；然后，将经线组拆分为以一根经线为一组，以纬线上挑、下压经线的平编法编织 3 行。

通过此编织法，底座基础会形成圆形的效果，而且可以为筐体经线的添加留出更多的空间。

三、底座锁边编法

取 4 根直径约 0.3cm 的圆柳条纬线，以任意一根经线为始点，采用四棱环绕编织法进行编织。将其中两根纬线的一端分别跨过始点经线的正面和背面，在始点的左侧插入；将另两根纬线的一端分别跨过始点经线右侧紧邻的一根经线的正面和背面，在始点经线右侧紧邻的一根经线的左侧插入；然后每次都取最左侧的纬线进行编织，按顺时针方向，下压右侧 3 根经线，再上挑下一根经线。依此法将 4 根纬线轮流连续编织，回到始点时结束此行的编织，并将纬线的末端剪断，分别依次藏在经线的背面，如图 2-119 所示。

图 2-119

提示：四棱环绕编织法是在三棱环绕编织法的基础上变化而成的。

四、筐体的编织

将底座提起，用水将经线喷湿，然后轻轻地把所有的经线向与底座垂直的方向折弯，用绳或铁丝把经线的末端稍作捆绑，以起到稳固的作用，便于筐体的编织，如图 2-120 所示。

图 2-120

取若干根直径约为 0.3cm 的圆柳条纬线，分别将其裁剪成每根约为 30cm 的长度，并用水喷湿。

第 1 行：首先，以任意一根经线为始点，取一根长度约 30cm 的纬线，上挑始点经线，纬线的两端任其自然地在该经线的两侧往筐体外伸展；取另一根长度约 30cm 的纬线，按顺时针方向，上挑始点经线左侧的一根经线，将该纬线的右端搭在前一根纬线上，形成左低右高的状态，自然地在经线两侧往筐体外伸展；取第 3 根长度约 30cm 的纬线，上挑始点经线左侧的第 2 根经线，将该纬线的右端搭在前一根纬线上，形成左低右高的状态，自然地在经线两侧往筐体外伸展……按顺时针方向依此法添加纬线进行编织，回到始点时结束此行的编织，如图 2-121 所示。

然后，以任意一根经线为始点，将穿过始点经线的纬线的右端拾起，按逆时针方向，向右下压右侧紧邻的经线，然后上挑其下一根经线，并从该经线的右侧穿出，把纬线置于此处另一根纬线的左侧，如图 2-122 所示。

图 2-121

图 2-122

提示：为了形成自然生动、层次分明的效果，纬线两端的长度可不一样。

再拾起始点经线右侧的第 2 根纬线，以同样的方法向右下压右侧经线，然后上挑第 3 根经线，并从该经线的右侧穿出，把纬线置于此处另一根纬线的左侧。此时，在已编织的

图 2-123

图 2-124

图 2-125

图 2-126

两根经线之间有两组纬线，每组为两根纬线，如图 2-123 所示。

取两组纬线中靠左侧的纬线组中右边的一根纬线进行编织。即向右下压一根经线、再上挑一根经线，然后从该经线的右侧穿出，把纬线放置于此处另外一根纬线的左侧。此组纬线中余下的一根纬线不再编织，让其自然地往筐体外侧伸展，如图 2-124 所示。

依此方法，每次都取靠左侧的纬线组中右边的一根纬线进行编织，余下的一根纬线不再编织，让其自然地往筐体外侧伸展。当编织回到始点时，结束此行的编织，如图 2-125 所示。

按照上述编织方法，单数行依第 1 行编织法编织、双数行依第 2 行编织法编织；当编织到设计的高度时结束筐体的编织。

五、筐口锁边编法

1. 三棱环绕编织法

取 3 根直径约 0.3cm 的圆柳条作为纬线，用水将其喷湿。以任意一根经线为始点，取其中两根纬线，将其一端分别跨过始点经线的正面和背面，再从其左侧插入；取第 3 根纬线，将其一端跨过始点经线右侧的经线背面，然后从其左侧插入。接着，每次都取最左侧的纬线进行编织，即向右下压两根经线、再上挑下一根经线。将 3 根纬线依次进行编织。当编织回到始点时，结束此行的编织，并将纬线的末端剪断，分别依次藏在经线的背面，如图 2-126 所示。

2. 筐口收边

以任意一根经线为始点，将其轻轻地向左折弯，然后上挑其左侧的两根经线，之后从第 2 根经线的左侧穿出，末端自然地往筐体外伸展，如图 2-127 所示。

依此方法，按顺时针方向依次将所有经线都以上挑其左侧的两根经线、之后从第 2 根经线的左侧穿出、末端自然地往筐体外伸展的编织法进行编织。回到始点时结束，如图 2-128 所示。

为了追求不同的效果，可以在编织完成后把柳条喷染成白色或其他颜色，如图 2-129 所示。

图 2-127

图 2-128

图 2-129

第六节 菠萝针篮筐的编织技法

一、材料

（1）约 2cm 宽的薄木皮，自然色，用作筐体经线。

（2）约 1cm 宽的薄木皮，褐色，用作筐体纬线。

（3）约 0.3cm 宽的薄木皮，褐色，用作底座纬线。

（4）约 2cm 宽、0.2cm 厚的木条，本色，用作筐口材料。

（5）直径约 0.1cm 的圆藤条，绿色，用作底座纬线。

（6）铁钉若干。

二、底座的编织

图 2-130

图 2-131

第 1 步：取 12 根约 2cm 宽的薄木皮作为底座经线，将其并排放置，分别在每根的中心点做一标记。取其中两根薄木皮经线，在同一平面上相互垂直放置，中心点相交；然后依次取余下的薄木皮经线，分别对角等距放置，并在中心点相交。最终形成一个以相交点为中心、富有层次的放射状的圆形，经线间的间隔为等距，如图 2-130 所示。

第 2 步：以首尾重叠编织法将两根宽约 0.3cm 的薄木皮染成褐色，用作纬线。用手按紧经线相交点，以最底层的一根经线为始点，按顺时针方向，取一根褐色纬线以上挑始点经线、下压其右侧第 2 根经线、再上挑其右侧第 3 根经线……的平编法编织一行。

图 2-132

图 2-133

图 2-134

图 2-135

当编织回到始点时，首尾重叠编织 3 根经线的距离后结束此行的编织，如图 2-131、图 2-132 所示。

取另两根综色纬线，依此编织法再编织两行。

第 3 步：取两根直径约为 0.1cm 的绿色圆藤条作为纬线，以二棱相交环绕编织法进行编织，即以最底层的一根经线为始点，将两根纬线的一端分别放置于始点经线的正面和背面，然后以逆时针方向在始点经线的左侧交叉，上下转换位置，再跨过下一根经线的正面和背面，并在该经线的左侧交叉，上下转换位置……按此方法依次编织，当编织回到始点时结束这一行的编织，如图 2-133 所示。

依此二棱相交环绕编织法再编织一行。

提示：在以二棱相交环绕编织法编织第 2 行的过程中，要轻轻地把经线向上弯曲，以形成与底座垂直的效果，如图 2-134 所示。

三、篮筐边壁的编织

取一根约 2cm 宽、0.2cm 厚的本色木条，分别将其两端削薄，所削的面正好相反，所削的厚度相等，以便两端对接时能相互重叠，且厚度正好与木条的厚度一致。然后把木条弯成一个比底座稍大的圆框，首尾两端相互对接，用小钉子把接口钉紧。用两个夹子把圆框固定在两根对称的经线上，如图 2-135 所示。

取 10 根约 1cm 宽的薄木皮，将其染成褐色，用作纬线。以任意一根经线为始点。取其中两根纬线，将其一端同时放置在始点经线的背面，放置时要以人字形的方式放置，如图 2-136 所示。

图 2-136

先取位于下方的纬线进行编织，向右下压始点经线右侧的经线、再上挑下一根经线；然后取位于上方的纬线以同样的方式编织，但在下压经线时要让纬线稍稍隆起，然后在上挑下一根经线时把该纬线往下方拉，使两根纬线在被上挑的经线背面形成重叠点，然后上下置换位置，再呈人字形状态，如图 2-137 所示。

图 2-137

依此方法一直编织，当回到始点后结束此行的编织。

依上述编织方法再编织 4 行，如图 2-138 所示。

图 2-138

此步骤编织完成后，将上述用夹子固定在两根对称经线上的圆框取下来。取一根约 2cm 宽的本色薄木皮，用作纬线。以第 5 行被上挑的任意一根经线为始点，将纬线的一端放置于始点经线的正面，然后按逆时针方向，以向右上挑始点经线右侧紧邻的一根经线、下压下一根经线、再上挑下一根经线……的平编法编织一行。当纬线回到始点后结束此行的编织。接着用剪刀把经线剪断，使末端与最后一行纬线的上边缘齐平，如图 2-139 所示。

图 2-139

图 2-140

图 2-141

四、篮筐口的固定

把上述取下的木皮圆框重新放置在篮筐口的内侧，要求圆框的上边缘与最后一行纬线的上边缘齐平，如图 2-140 所示。

取另一根约 2cm 宽、0.2cm 厚的本色木条，依上述圆框的制作方法，制作一个与篮筐口外边缘大小一致的圆框。然后把它套在篮筐口的外边缘上，要求圆框的上边缘与最后一行纬线的上边缘齐平，并用夹子把篮筐口的内外圆框夹住，如图 2-141 所示。

从外圆框向内圆框的方向，在相隔一根经线的距离依次钉上一排钉子，将内外圆框固定；然后从内圆框向外圆框的方向，依上述方法再钉一排钉子，将内外框固定。钉子不能突出内外圆框，如图 2-142 所示。

图 2-142

第七节 燕子针装饰的木皮篮筐编织技法

一、材料

（1）约 30cm×20cm×1.5cm 的薄木板，紫色，用作筐底材料。

（2）约 1.5cm 宽、0.3cm 厚的木条，紫红色，用作筐底内框材料。

（3）约 1.5cm 宽、0.2cm 厚的木皮，紫红色，用作框底外框材料。

（4）约 1.5cm 宽、0.15cm 厚的木皮，木皮本色，用作经线。

（5）约 1.2cm 宽、0.15cm 厚的木皮，紫蓝色，用作纬线。

（6）约 1cm 宽的薄木皮，绿色，用作纬线。

（7）约 1.5cm 宽、0.3cm 厚的木条，木皮本色，用作篮筐口内框材料。

（8）约 1.5cm 宽、0.2cm 厚的木皮，紫红色，用作篮筐口外框材料。

（9）约 0.5cm 宽的薄木皮，木皮本色，用作捆绑材料。

（10）尺子、裁纸刀、铅笔。

二、底座的制作

取约 30cm×20cm×1.5cm 的薄木板，将它染成紫色，并制作成椭圆形的形状，用打磨机把边缘打磨光滑。取一根约 1.5cm 宽、0.15cm 厚的木条，将它染成紫红色，然后用水喷湿，使其变得柔软，不易被折断。用刀分别把木条的两端在约 3cm 处沿对角削去一半的厚度。要求所削的面正好相反，以便两端重叠对接时能正好对称并还原木条原来的厚度。把木条的两端对接，首尾重叠，制成一个与上述椭圆形木板大小相仿的椭圆形

图 2–143

框，然后在末端接口处钉上钉子加以固定，如图 2-143 所示。

把椭圆形木板盖在椭圆木条框上，两者的外边缘需齐平。从椭圆形木板向木条框方向，等距钉上一排钉子，把两者固定在一起。

三、篮筐边壁的编织

1. 底部经线的添加

取一根约 1.5cm 宽、0.15cm 厚的薄木皮，把它染成紫红色，用作固定经线的材料。取 18 根约 1.5cm 宽的本色薄木皮，裁成每根约 30cm 的长度，用作经线。取其中一根经线，把它的一端紧贴在底座木条圆框的外侧边缘，与圆框边缘齐平并与圆框呈垂直关系，然后把紫红色薄木皮的一端以与圆框方向一致的方式紧压在经线与圆框上，接着用钉子把三者固定在一起，如图 2-144 所示。

图 2-144

依此方法，把余下的 17 根薄木皮经线依次等距固定在底座圆框上。每根经线之间的距离约 1cm，如图 2-145 所示。

图 2-145

2. 燕子针篮筐编织

用水喷湿薄木皮经线。用手轻轻地把经线往筐体外侧稍稍弯曲，使经线形成一个喇叭状的形状。取 9 根约 1.5cm 宽的薄木皮，把它们染成紫蓝色，用作纬线。取 8 根约 1cm 宽的薄木皮，把它们染成绿色，用作纬线。

第 1 行：以任意一根经线为始点。取一根紫蓝色的木皮纬线，将其一端放置在始点经线的背面，以逆时针方向，向右下压始点经线右侧紧邻的一根经线、上挑下一根经线。取一根绿色的木皮纬线，将其一端放置在始点经线与紫蓝色纬线之间，然后从下往上绕到紫蓝色纬线与始点经线右侧第 1 根经线的背面，再从第 1 根经线右侧穿出，从上往下跨过紫蓝色纬线与始点经线右侧第 2 根经线的正面，如图 2-146 所示。

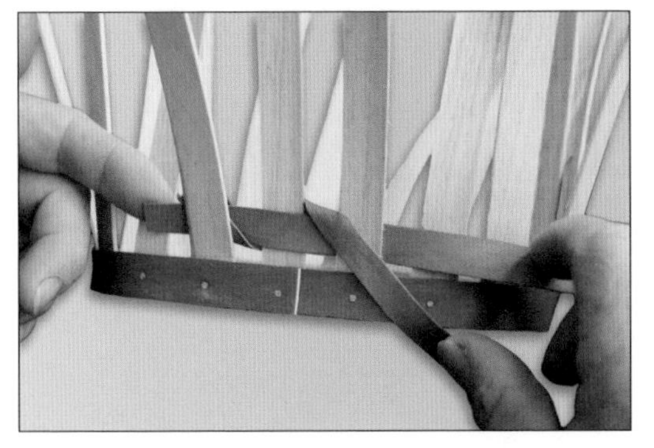

图 2-146

接着，再从下往上绕到紫蓝色纬线与始点经线右侧第 3 根经线的背面……依次围绕着紫蓝色纬线与经线如扭麻花般编织，如图 2-147 所示。

图 2-147

按此方法依次编织，当纬线回到始点时，首尾重叠编织 3 根经线的距离后结束此行的编织，如图 2-148 所示。

图 2-148

第 2 行：取一根紫蓝色纬线，将其一端放置在始点经线的背面，然后向右下压其右侧的一根经线，再上挑下一根经线。取一根绿色纬线，把它的一端放置在始点经线与紫蓝色纬线之间，然后从上往下绕到紫蓝色纬线和自然色经线的背面，再从右下方向跨过第 2 根经线的正面，接着从上向下、从外向内绕到第 3 根经线的背面，绿色纬线上下穿行的方向正好与第 1 行相反。因此，此时正好形成绿色纬线如燕子般展翅飞翔的编织效果，如图 2-149 所示。

图 2-149

按此方法依次编织。当纬线编织回到始点后，首尾重叠编织 3 根经线的距离，结束此行的编织。

第 3~8 行：依上述编织方法进行编织。单数行仿照第 1 行的编织法，双数行仿照第 2 行的编织法。

第 9 行：取一根紫蓝色纬线，以第 8 行被上挑的任意一根经线为始点，将纬线的一端放置于始点经线的正面，然后按逆时针方向，以向右上挑始点经线右侧紧邻的一根经线、再下压下一根经线、上挑下一根经线……的平编法编织一行。当纬线回到始点后，首尾重叠编织 3 根经线的距离，结束此行的编织。

图 2-150

四、篮筐口的处理方法

第 1 步：用水喷湿经线。将第 9 行中被上挑的所有经线轻轻向篮筐内侧的方向折弯，折弯点与第 9 行纬线的上边缘齐平。然后分别把经线的末端插入约 4 行纬线的深度，末端藏在纬线的背面。接着，把剩余的经线用剪刀剪断，并与第 9 行纬线的上边缘齐平，如图 2-150 所示。

图 2-151

第 2 步：取一根约 1.5cm 宽、0.3cm 厚的自然色木条，浸泡约 3 分钟，使其变得柔软，不易被折断。分别把木条两端约 3cm 处对角削去一半的厚度，要求所削的面正好相反。然后将木条首尾对接，制成一个与篮筐口内径一致的椭圆形框。用夹子把它固定在篮筐口的内侧，上边缘与第 9 行纬线的上边缘齐平。

取另一根约 1.5cm 宽、0.2cm 厚的木条，把它染成紫红色。依上述方法，把它制作成一个与篮筐口外径一致的椭圆形框，然后用夹子把它固定在篮筐口的外侧，上边缘与第 9 行纬线的上边缘齐平，如图 2-151 所示。

取两根约 0.5cm 宽的薄木皮，用作捆绑材料。取其中一根，把它的一端从筐体内侧任意一根经线（下称“始点经线”）的左侧插入自然色内框与第 9 行的紫蓝色纬线之间，如图 2-152 所示。

图 2-152

然后从下向上、从内向外绕过内外圆框，向右下方跨过外圆框及始点经线的正面，从该经线的右侧插进篮筐内侧；再由下向上、由内向外绕过内外圆框，向右下跨过外圆框及下一根经线的正面，从该经线的右侧插进篮筐的内侧……依此方法，按逆时针方向一直编织回到始点，首尾重叠 3 根经线的距离后结束，并把末端藏在纬线的背面，如图 2-153 所示。

图 2-153

取另一根用作捆绑材料的木皮，按顺时针方向，依上述方法将内外框进行捆绑编织，如图 2-154 所示。

提示：在捆绑的过程中，要用力拉紧捆绑木皮，使内外圆框及筐口被紧密地捆绑在一起。

图 2-154

第三章　灯具的编织过程

第一节 灯具“五谷丰登”的编织技法（一）

一、材料

（1）直径约 0.3cm，长度约 100cm 的圆柳或竹条，用作经线。

（2）直径约 0.1cm 的圆柳条，用作捆绑材料。

（3）直径约 0.2cm 的圆柳条，用作纬线。

（4）宽度约 1cm 的扁平薄木皮，用作纬线。

（5）直径约 0.5cm 的铁线若干，用作灯架材料。

二、灯具龙骨的制作

使用直径约 0.35cm 的铁线制作灯具的龙骨，如图 3-1 所示。

三、经线的固定

取一根直径约 0.3cm，长度约 100cm 的经线圆竹条，将其一端按垂直于灯架底部的圆线圈的方向，紧贴其外侧放置。取一根直径约 0.1cm 的圆柳条（用于捆绑），将经线与灯架底部圆铁线圈捆绑在一起加以固定。

首先，把经线与灯架底部圆铁线圈视为相交的坐标，经线为 y 轴，灯架底部圆铁线圈为 x 轴。

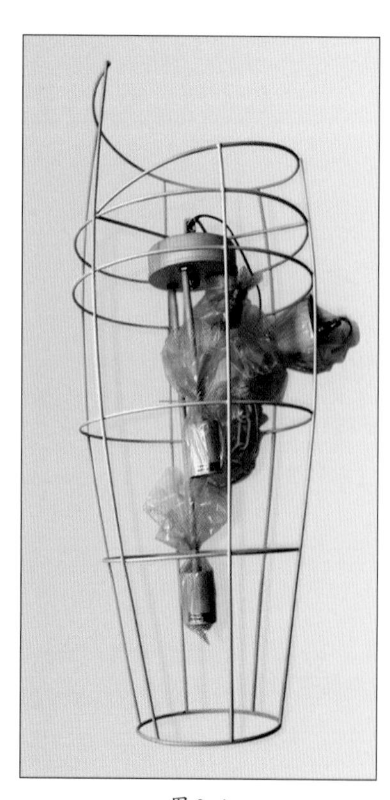

图 3-1

提示：具体灯架材料的规格根据自身需求选择，总体原则为经线粗于纬线。

提示：柳条、竹条均可作为经线使用，圆柳条需放置于水池中浸泡约 10~30 分钟，使其变柔软不易被折断。此篇使用的是竹条作经线，此处竹条无需浸泡。

然后，以 x 轴与 y 轴相交点的背面为始点，把用作捆绑的柳条的一端放置在始点上。由左上区域，对角跨过两轴相关点的正面，进入右下区域；再由下向上，跨过 x 轴的背面，进入右上区域；再对角跨过两轴相关点的正面，进入左下区域；再对角跨过两轴相关点的背面，进入右上区域。至此完成第 1 根经线的固定，如图 3-2、图 3-3、图 3-4、图 3-5、图 3-6 所示。

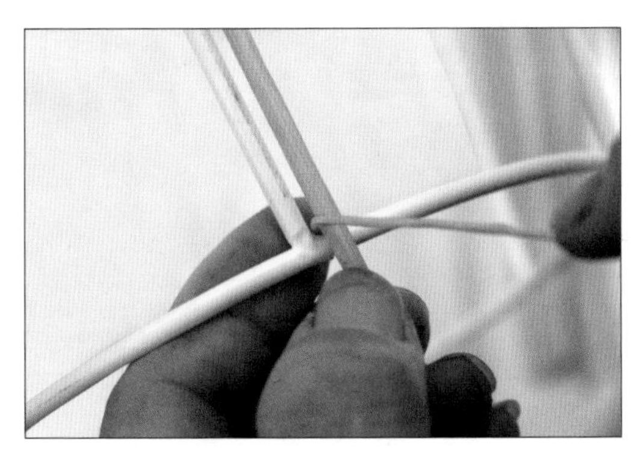

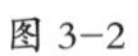

图 3-2

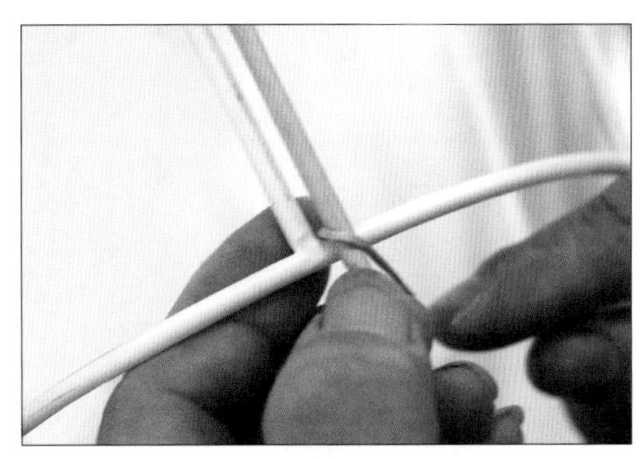

图 3-3

图 3-4

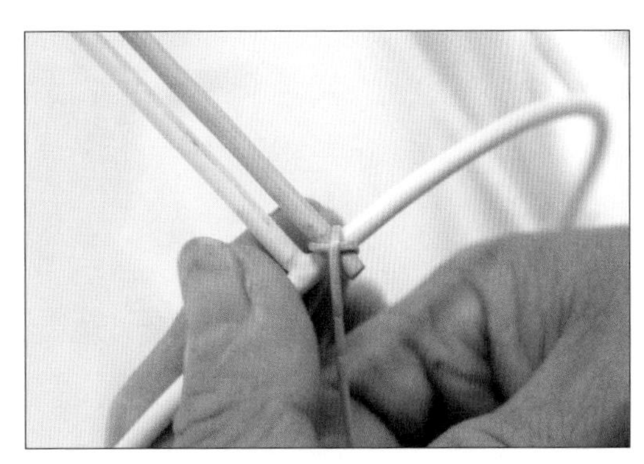

图 3-5

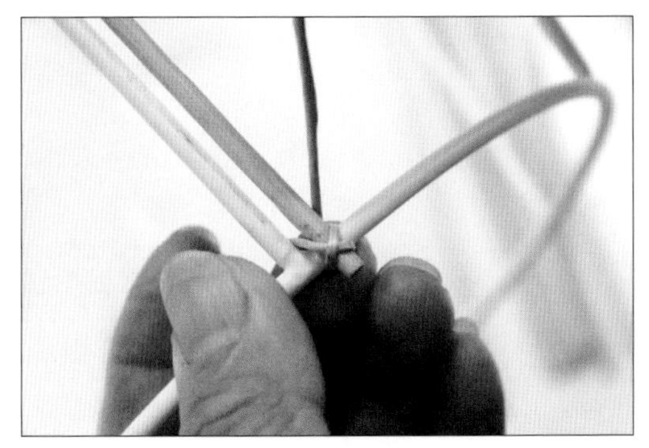

图 3-6

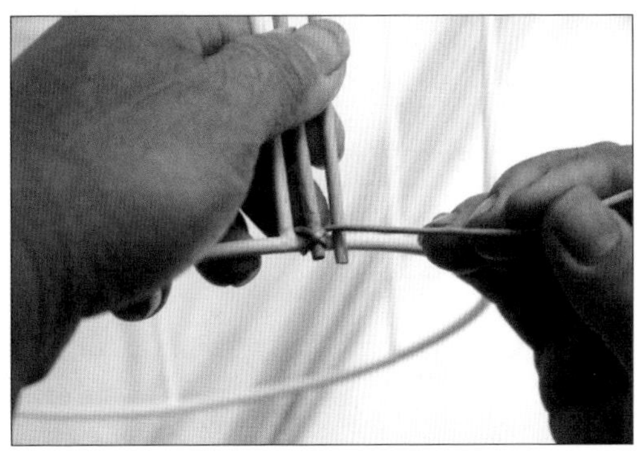

图 3-7

取另一根经线，紧贴第 1 根经线的右侧同向并排放置，并依照上述捆绑方法将其与灯架底部圆线圈捆绑固定，如图 3-7、图 3-8、图 3-9、图 3-10 所示。

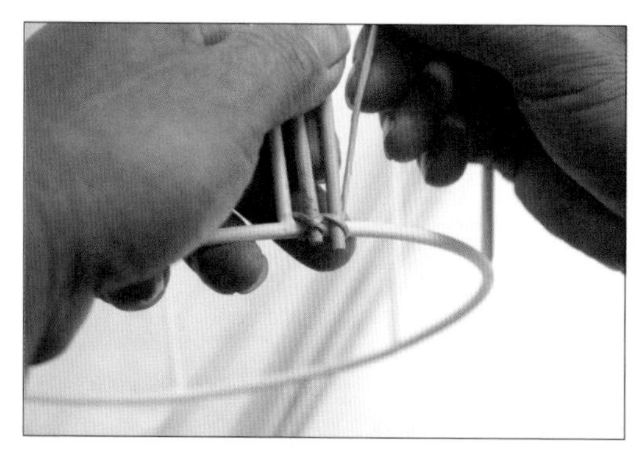

图 3-8

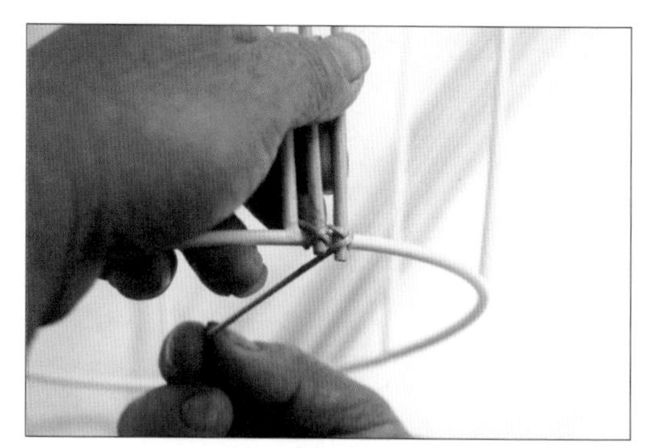

图 3-9

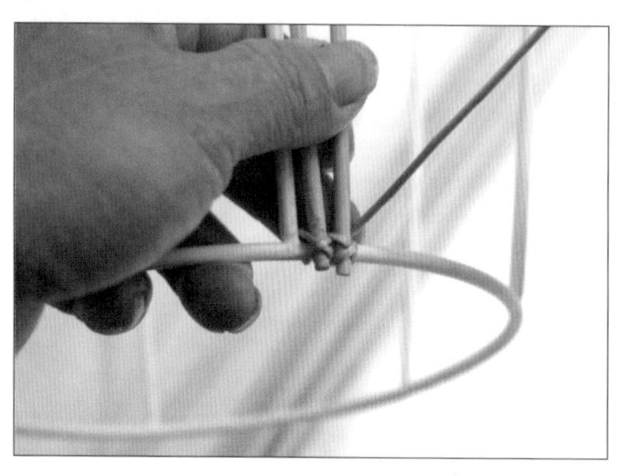

图 3-10

图 3-11

提示：经线之间的间距不同可产生不同的效果，可根据自身的需求选择。本篇经线间距约为 1cm。

依此方法，依次将经线与灯架底座圆线圈捆绑固定，直到添加的经线回到第 1 根经线处结束，如图 3-11 所示。

四、灯架体的编织

1. 第 1 步：三棱环绕编织法编织 1 行

将用作纬线的直径约 0.2cm 的圆柳条放置在水池中浸泡 10~30 分钟，使其变得柔软，易于编织。

以任意一根经线为始点，取 3 根纬线，分别将其一端按从右向左的方向，放置在始点经线及其右侧紧邻的两根经线背面；然后取最左侧纬线，向右下压两根经线，上挑一根经线，并从此根经线的右侧穿出。依此方法，每次都以取最左侧纬线向右下压两根经线，上挑一根经线的方法依次进行编织，直至编织回始点时，分别把 3 根纬线的末端剪断并藏在经线背面，结束此行的编织，如图 3-12 所示。

2. 第 2 步：圈圈针法编织，形成自然卷曲状的编织效果

用水将扁平薄木皮喷湿，使其变柔软，易于编织。通常木皮分正反两面，光滑面为正面，粗糙面为反面。编织时以正面朝上更为美观，而反面做底即可。

第 1 行：以任意一根经线为始点。取一根用作纬线的扁平薄木皮，将其一端放置在始点经线的正面，然后向右上挑两根（第 2、第 3 根）经线；再在右侧第 4 根经线的正面按顺时针的方向绕一圈，以形成一个自然的卷曲状后下压此根经线；接着上挑右侧紧邻的两根（第 5、第 6 根）经线，再在右侧第 7 根经线的正面按顺时针方向绕一圈，以形成一个自然的卷曲状后下压此根经线，然后再向右上挑紧邻的两根（第 8、第 9 根）经线……依此方法依次编织，当编织回始点时结束此行的编织，如图 3-13~图 3-18 所示。

提示：此针法牢固性很强，所以通常可以更好地固定经纬线的位置及之间的间距。另外，此针法也可根据自身需求灵活多变。

图 3-12

图 3-13

图 3-14

图 3-15

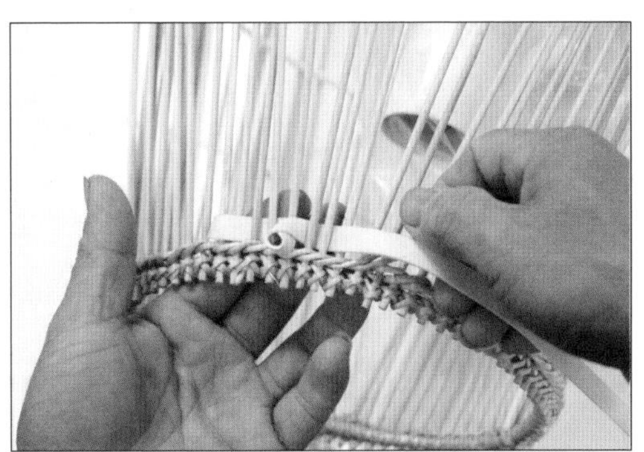

图 3-16

提示：灯架体针法为上挑两根经线后编织一个圈圈针法，一个卷曲针只下压一根经线，接着再继续上挑两根经线。

提示 当起针用的木皮纬线编织完后，需添加1根新木皮纬线继续编织。将新纬线的一端与旧纬线的末端重叠上挑两根经线，然后新纬线向右在紧邻的一根经线正面进行卷曲针法的编织……重复此方法，直到此行结束，如图 3-19、图 3-20 所示。

当最后一针收尾时，将木皮与起始木皮重合后，剪去多余的木皮使其末端藏在经线的背面，如图 3-21 ~ 图 3-24 所示。

图 3-17

图 3-18

图 3-19

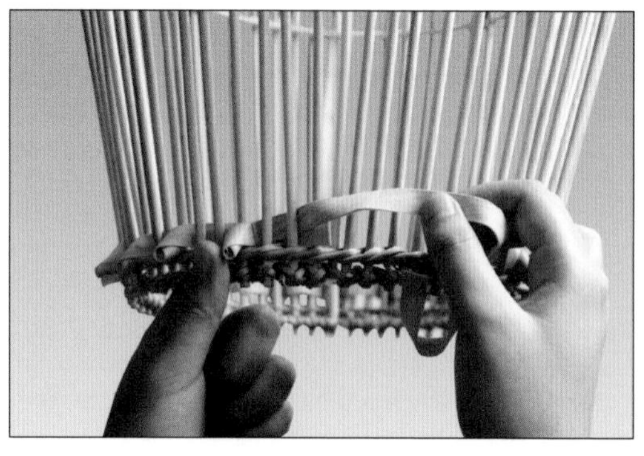

图 3-20

图 3-21

图 3-22

第 2 行：以第 1 行任意被上挑的两根经线中左侧经线作为始点。取一根用作纬线的扁平薄木皮，将其一端放置在始点经线的正面，然后向右上挑紧邻的两根（第 2、第 3 根）经线，再在右侧第 4 根经线的正面按顺时针方向绕一圈，以形成一个自然的卷曲状后下压此根经线，然后再向右上挑紧邻的两根（第 5、第 6 根）经线……依此方法依次编织，当编织回始点时结束此行的编织，如图 3-25 所示。

图 3-23

第 3、4、5……行：依第 2 行的编织法，之后每一行的编织都以上一行任意被上挑的两根经线中左侧经线作为始点。纬线放置在始点经线的正面，然后向右上挑紧邻的两根（第 2、第 3 根）经线，再在右侧第 4 根经线的正面按顺时针的方向绕一圈，以形成一个自然的卷曲状后下压此根经线，然后再向右上挑紧邻的两根（第 5、第 6 根）经线……依此方法依次编织，当编织回始点时结束此行的编织，如图 3-26 所示。

图 3-24

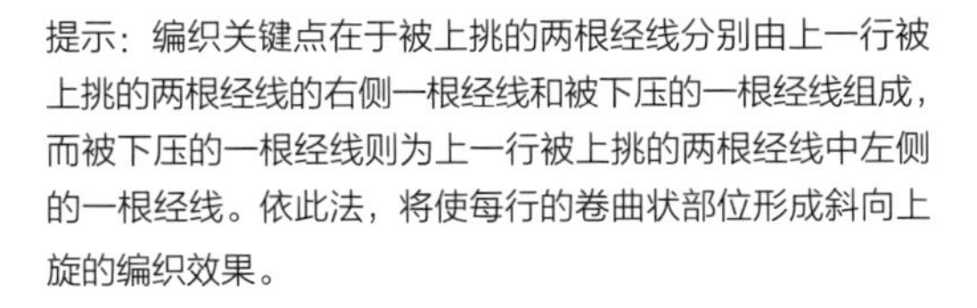

提示：编织关键点在于被上挑的两根经线分别由上一行被上挑的两根经线的右侧一根经线和被下压的一根经线组成，而被下压的一根经线则为上一行被上挑的两根经线中左侧的一根经线。依此法，将使每行的卷曲状部位形成斜向上旋的编织效果。

图 3-25

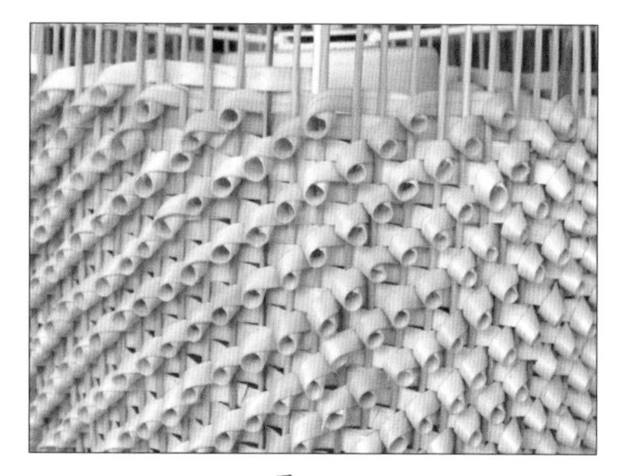

图 3-26

提示：依上述圈圈针法编织后，灯架体的编织已随灯架设计形成螺旋向上的编织效果。

图 3-27

图 3-28

3. 第 3 步：圈圈针法变化部位的编织

在灯具龙骨中，从底部到顶部分别设有 6 个圆线圈（参见图 3-1）。当编织至距离第 6 个圆线圈的始点约 10cm 处，需改变编织方法。以灯具龙骨中最长铁线处的经线作为始点。

①取一根扁平薄木皮纬线，斜向削去其一端的上角，以形成稍尖的效果。然后将此端放置在始点经线右侧第 2 根经线的背面，并尽量与上一行的纬线重合。再向右下压一根经线、上挑一根经线，在右侧紧邻的一根经线正面按顺时针的方向绕一圈，以形成一个自然的卷曲状后下压此根经线。接着再向右上挑两根经线，在右侧紧邻的一根经线正面按顺时针方向绕一圈，再向右上挑两根经线……依上述第 1 行卷曲针法完成此行编织。当回到始点时，暂停多余长度纬线的编织。

接着编织的每一行，都将上一行第 1 个卷曲部位右侧紧邻的一根经线作为始点。然后，依照①所述编织法进行编织，一直编织到灯具龙骨第 6 个线圈始点处。

②在灯具龙骨第 6 个线圈始点高度以上的每一行，依然都将上一行第 1 个卷曲部位右侧紧邻的一根经线作为始点。然后，依照①所述编织法进行编织，每行回至灯具龙骨中最长铁线处的经线位置（即①所述的始点经线）时，将纬线由外向内绕过此根经线后，往回重合编织 2 至 3 根经线的距离后将末端藏在经线的背面，如图 3-27 所示。

4. 第 4 步：灯架体收口处采用平编法编织

①以灯具龙骨中，与最长的一根铁线重合的一根经线作为始点。取原先第三步①中所述的多余长度纬线的一根扁平薄木皮纬线，向右下压始点经线，上挑紧邻的一根经线，再下压下一根经线……依次以下压一根经线，上挑一根经线的平编法完成此行的编织，如图 3-28 所示。

依上述平编法，编织至灯具龙骨第 6 个线圈始点的高度。

②此时，由于第 6 个线圈呈螺旋上升状态，接着的平编部位的始点发生变化。取一根扁平薄木皮纬线，在其一端约 7cm 处斜向削去上角。然后，将此端放置在始点经线右侧紧邻的第 3 根经线的背面，再向右以下压一根经线，上挑一根经线……的平编法编织此行。当回到始点时，将纬线由外向内绕过始点经线后，往回重合编织 2 ~ 3 根经线的距离后将末端藏在经线的背面，如图 3-30 所示。

依此编织法，沿着灯具龙骨第 6 个线圈的边缘添加纬线进行平编法编织，编织至灯具龙骨第 6 个线圈末端与最长的一根铁线相交处的高度时结束平编法编织，如图 3-31 所示。

5. 第 5 步：灯具顶部的装饰

①以三棱编织法编织。

第 1 行：以灯具龙骨中，与最长的一根铁线重合的一根经线作为始点。取 3 根圆柳条纬线，将第 1 根纬线的一端放置在始点经线的正面，第 2 根纬线放置在背面，第 3 根

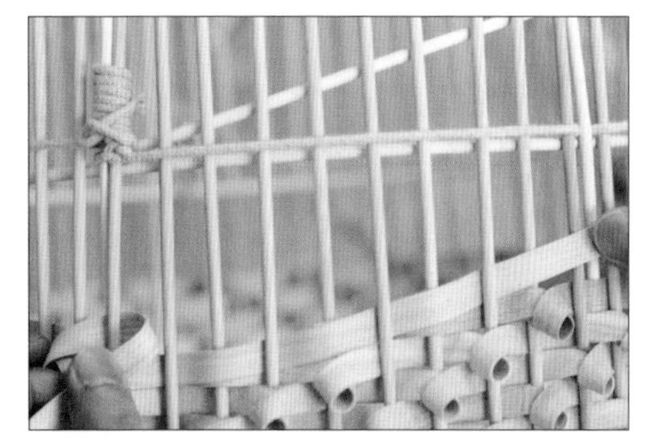

图 3-29

提示：第一行平编法编织时，需向下压紧卷曲针法变化部位起针处的纬线，以达到紧凑的编织效果，如图 3-29 所示。

图 3-30

图 3-31

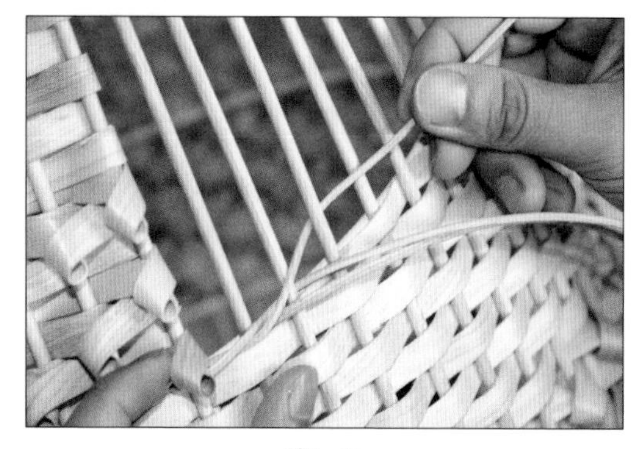
图 3-32

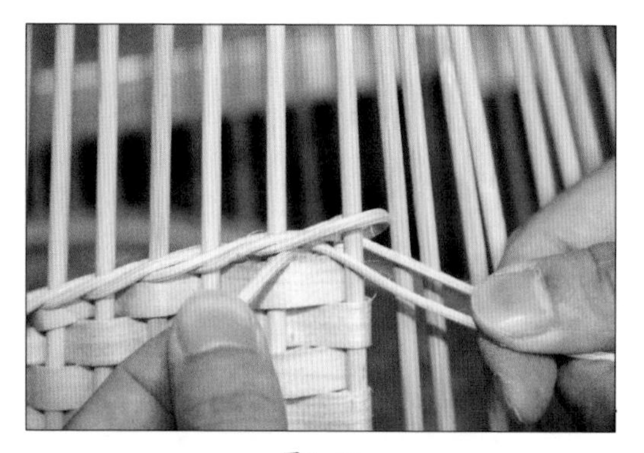
图 3-33

图 3-34

图 3-35

纬线则放置在始点经线右侧紧邻的一根经线背面。此时第 1 根纬线的位置处于 3 根纬线的最左侧。取第 1 根纬线，向右下压两根经线，上挑一根经线，并从被上挑经线的右侧穿出，绕到灯架体正面；此时第 2 根纬线的位置处于 3 根纬线的最左侧，取第 2 根纬线，向右下压两根经线，上挑一根经线，并从被上挑经线的右侧穿出，绕回到灯架体正面……依此编织法，每次都取最左侧的纬线进行编织。

当编织回至始点经线处时，取最左侧纬线从外向内绕到始点经线的背面，然后将其末端从内向外插进始点经线左侧纬线编织处的空隙中，末端回到灯架体正面；再取左侧的纬线，以相同方法，将其末端插入第 2 根经线左侧纬线编织处的空隙中，末端回到灯架体正面；最后，用剪刀以紧贴经线的方式分别把纬线的末端剪断，如图 3-32 至图 3-35 所示。

第 2 行：在距离第 1 行约 10cm 间距处，以上述三棱编织法编织。

第 3 行：在距离第 2 行约 10cm 间距处，以上述三棱编织法编织，如图 3-36 所示。

提示：在进行三棱编织法编织时，尽量向下压紧收口处平编部位，使灯架口不易散开，并依灯架口螺旋上升的状态编织。

图 3-36

②灯架体编织结束后，将所有经线的剩余部分用水喷湿，然后以每根经线等长的方式将经线末端剪断。经线末端呈螺旋上升的效果，如图 3-37 所示。

图 3-37

提示：为了表达不同的视觉效果，经线末端的处理有多种方法，如可以用手将经线末端向灯架上方中心部位轻轻收拢，让其末端自然地靠拢在一起；或者将其编成辫子自然地向上方伸展。

第二节 灯具“五谷丰登”的编织技法（二）

一、材料

（1）直径约0.3cm，长度约80cm的圆柳或竹条，用作经线。

（2）直径约0.1cm的圆柳条，用作捆绑材料。

（3）直径约0.2cm的圆柳条，用作纬线。

（4）宽约1cm的扁平薄木皮，用作纬线。

（5）直径约0.35cm的铁线若干，用作灯架材料。

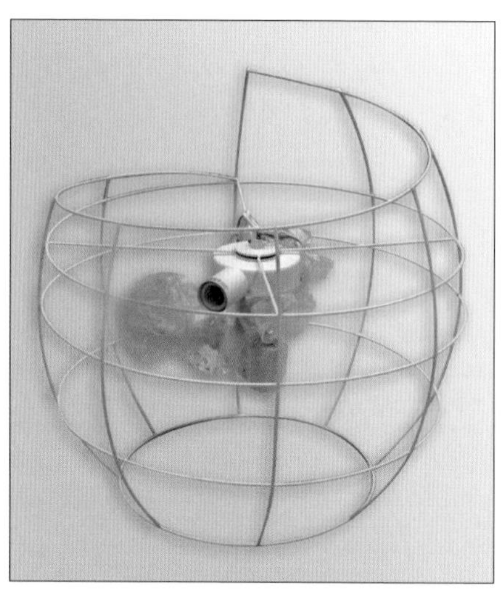
图3-38

二、灯架模型的制作

使用直径约0.35cm的铁线，如图3-38所示，制作灯架的模型。

图3-39

三、经线的固定

第1步：取一根直径约0.3cm、长度约80cm的圆竹条经线（称为第1根经线），将其一端按垂直于灯架底部的圆线圈的方向紧贴其外侧放置。

第2步：取一根直径约0.1cm的用于捆绑的圆柳条（称为第1根捆绑柳条）将经线与灯架底部圆铁线圈捆绑在一起加以固定。

首先，把经线与灯架底部圆铁线圈视为相交的坐标，经线为y轴，灯架底部圆铁线圈为x轴。然后以x轴与y轴相交点的背面为始点，把用作捆绑的柳条的一端放置在始点上，如图3-39所示。

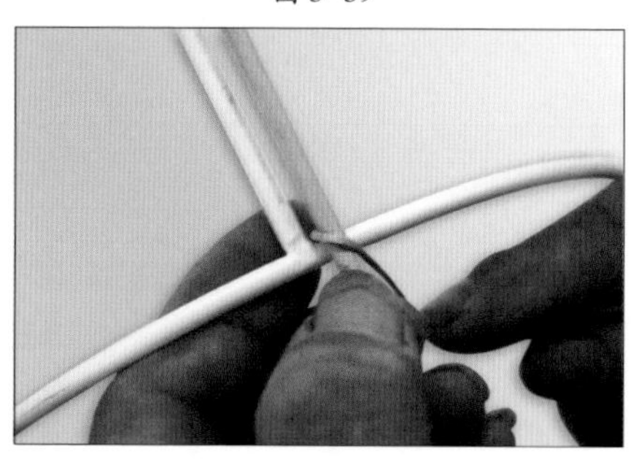
图3-40

接着，从左上区域对角跨过两轴相交点的正面，进入右下区域；再由下向上，跨过 x 轴的背面，进入右上区域；再对角跨过两轴相交点的正面，进入左下区域；再对角跨过两轴相交点的背面，进入右上区域。至此完成第 1 根经线的固定，如图 3-40~ 图 3-43 所示。

第 3 步：取另一根经线（称为第 2 根经线），紧贴上一根经线的右侧同向并排放置，并依照以上方法继续使用第 1 根捆绑柳条将其与灯架底部圆线圈捆绑固定，如图 3-44~ 图 3-46 所示。

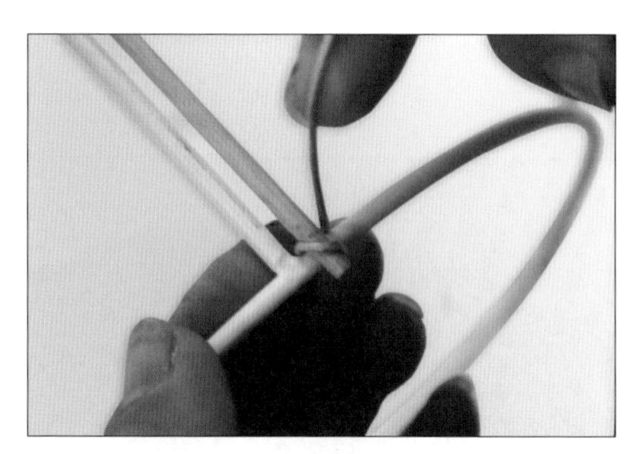

图 3-41

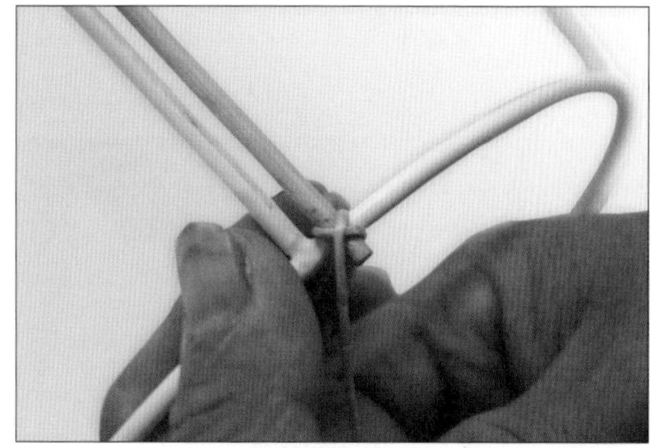

图 3-42

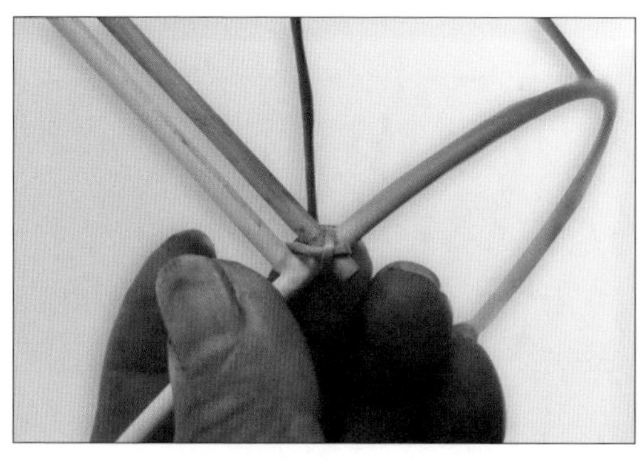

图 3-43

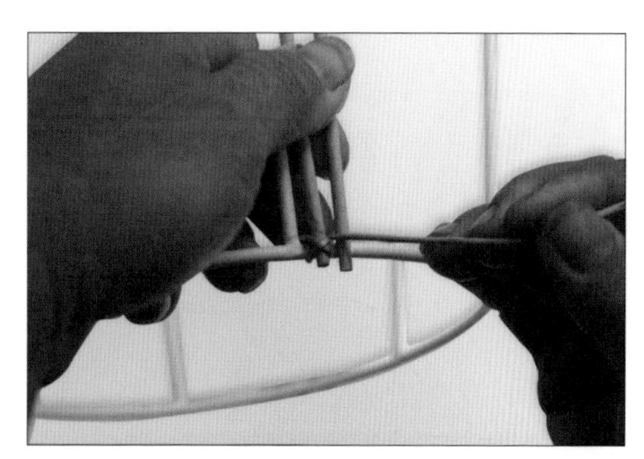

图 3-44

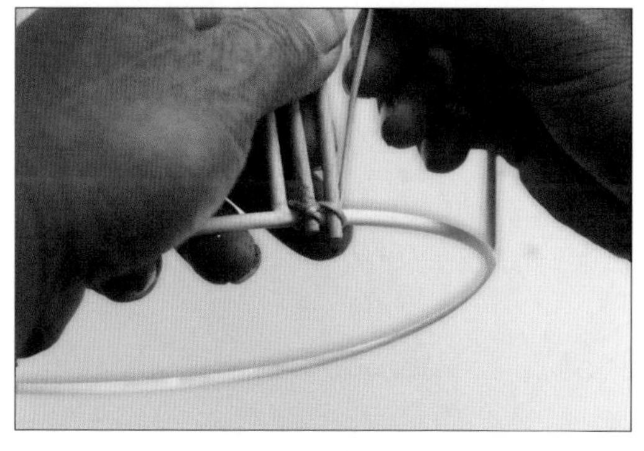

图 3-45

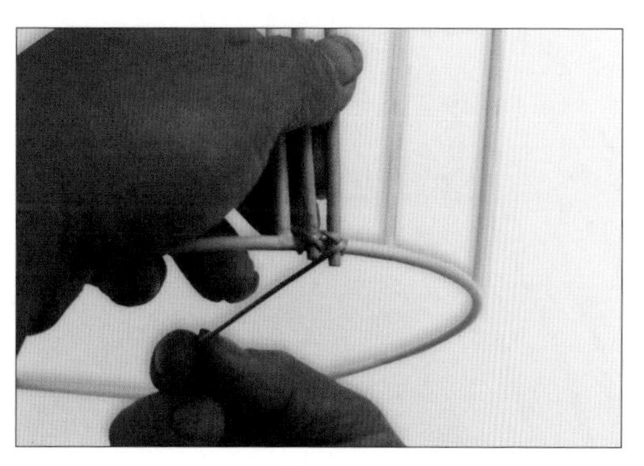

图 3-46

第 4 步：取另一根捆绑柳条（称为第 2 根捆绑柳条），将其一端从右上区域、经两轴相交点的背面、向左下区域方向插入，在左下区域的一端留约 30cm 的长度，如图 3-47 所示。

第 5 步：再取另一根经线（称为第 3 根经线），紧贴上一根经线的右侧同向并排放置；此时，将第 2 根捆绑柳条从上向下紧贴此根经线的左侧；取第 1 根捆绑柳条的上端，从第 3 根经线的左上区域、对角跨过两轴相交点的正面、进入右下区域；再从下向上跨过 x 轴的背面、进入右上区域；此时，把第 2 根捆绑柳条的末端剪断，与经线的末端齐平；接着将第 1 根捆绑柳条对角跨过两轴相交点的正面、进入左下区域；再对角跨过两轴相交点的背面、进入右上区域，如图 3-48~ 图 3-51 所示。

图 3-47

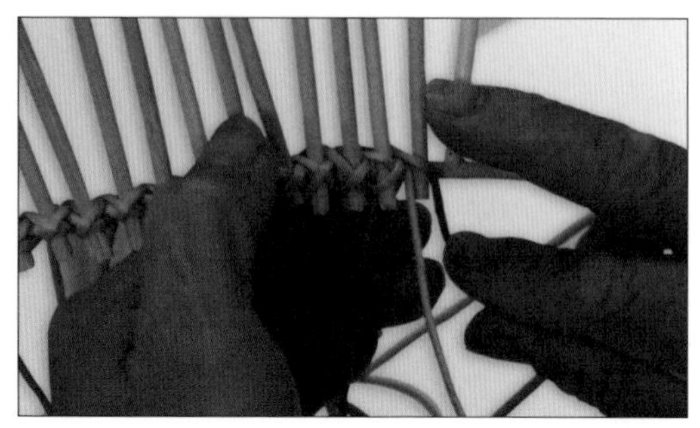

图 3-48

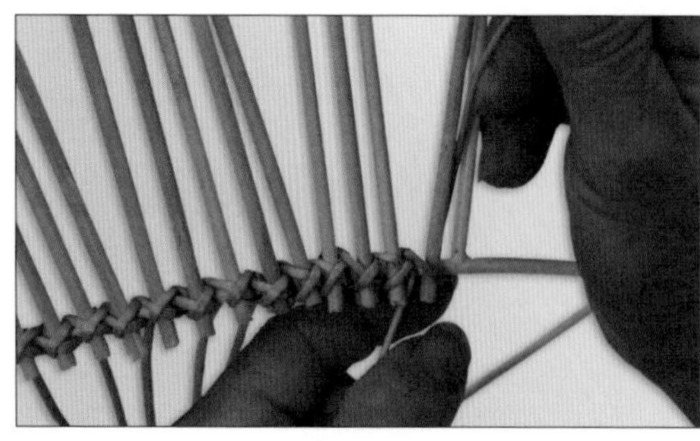

图 3-49

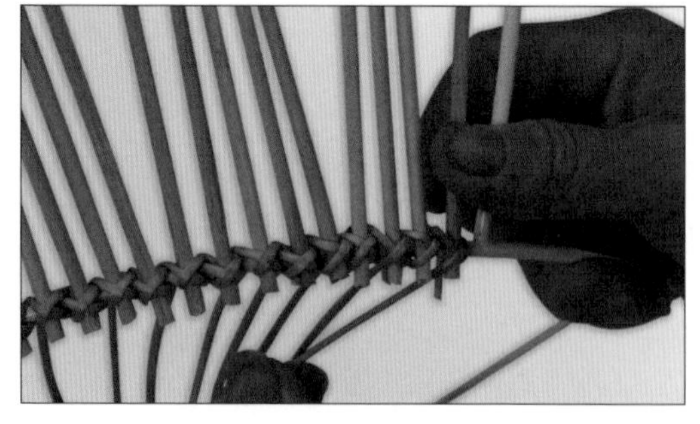

图 3-50

图 3-51

图 3-52

依照上述步骤，以捆绑的方法依次将经线与灯架铁线圈固定在一起。直至添加的经线回到第 1 根经线处时结束，如图 3–52 所示。

提示：每隔两根经线插一根新的捆绑柳条，且在下方的一端留出约 30cm 的长度，在灯架底座进行编织时用作经线。而上方的一根捆绑柳条则在紧贴经线处剪断与经线齐平。

四、灯架体的编织

第 1 步：采用三棱环绕编织法编织 1 行。以任意一根经线为始点。取 3 根直径约 0.2cm 的圆柳条纬线，将其一端从右向左分别在始点经线的正面、背面以及始点经线右侧紧邻的一根经线背面插入；然后取最左侧的一根纬线，向右下压两根经线、再上挑一根经线，并从此根经线的右侧穿出。再取最左侧的纬线依上述方法编织，每次都取最左侧的纬线进行以上编织，直至编织回始点经线处时结束。用剪刀把 3 根纬线剪断，把其末端分别藏在 3 根相邻的经线背面，如图 3–53 所示。

图 3–53

第 2 步：采用圈圈针法编织，形成自然卷曲状的编织效果。此部分的编织步骤及编织方法请参照制作灯具 1 时的第 2、第 3 步。

第 3 步：灯架体收口处采用平编法编织。此部分的编织步骤及编织方法请参照制作灯具 1 时的第 4 步。

第 4 步：灯具顶部的装饰。此部分的编织步骤及编织方法请参照制作灯具 1 时的第 5 步。

图 3–54

五、灯架底座的编织

将灯架底座捆绑固定经线的柳条剩余的约 30cm 长的一端视为经线，然后从灯架底座大线圈向底座小线圈的方向进行编织，如图 3–54 所示。

图 3–55

1. 三棱环绕编织法

以任意一根经线作为始点。取 3 根直径约 0.2cm 的圆柳条纬线，分别从始点经线及其右侧的第 2 根、第 3 根经线的背面插入，然后取最左侧的纬线向右下压两根经线、上挑一根经线，然后从此根经线的右侧穿出。每次都取最左侧的纬线依此方法编织，当编织回始点时结束。用剪刀将 3 根纬线剪断，并将其末端分别藏在相邻的 3 根经线的背面。

2. 平编法

以任意一根经线为始点。取一根宽约 1.5cm 的扁平薄木皮作为纬线，用水将其喷湿，然后将其一端放置在始点经线的背面，再向右按逆时针方向以下压一根经线、上挑一根经线的平编法进行编织。当编织回始点时，首尾重叠编织 4 根经线的距离后结束该行的编织，用剪刀剪断纬线的末端并收藏在经线的背面，如图 3-55 所示。依此平编法，编织至底座小线圈处结束。

3. 底座收口法

参照上述①所述的三棱编织法编织一行。然后以任意一根经线为始点，将始点经线轻轻向右折弯，向中上挑其紧邻的两根经线，再下压一根经线，并从此根经线的右侧穿出，最后藏在底座的内侧。依上述方法，按逆时针方向，将剩余的经线作相同的编织处理，如图 3-56~ 图 3-58 所示。

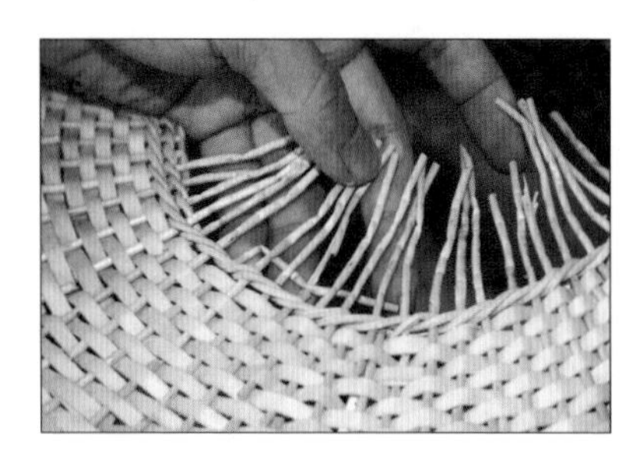

图 3-56

图 3-57

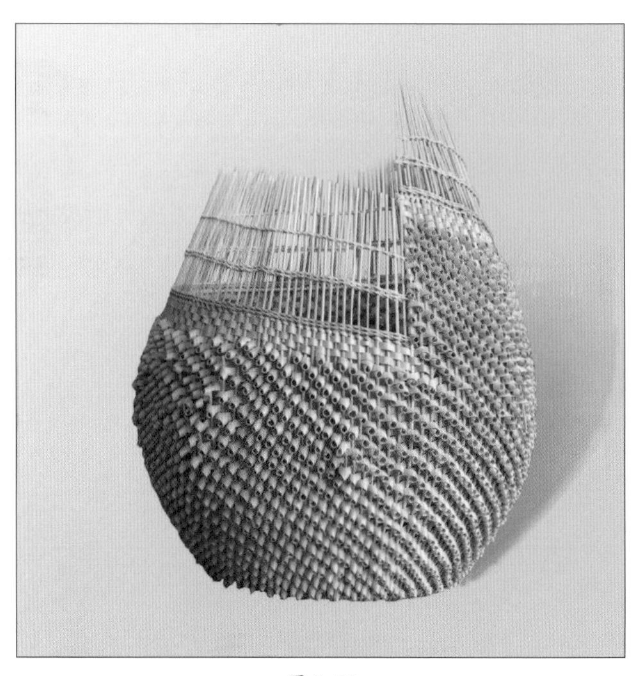

图 3-58

提示：始点经线及第 2、3 根经线向右折弯时，需稍留一点空隙，以便于最后 3 根经线编织时向右穿行。

第三节 灯具“五谷丰登”的编织技法（三）

一、材料

（1）直径约 0.5cm、长度约 80cm 的圆柳条约 40 根，用作经线。

（2）直径约 0.3cm 的圆柳条，用作纬线。

（3）直径约 0.35cm 的铁线若干，用作灯架材料。

二、灯架模型的制作

使用直径约 0.35cm 的铁线制作灯架的模型，如图 3–59 所示。

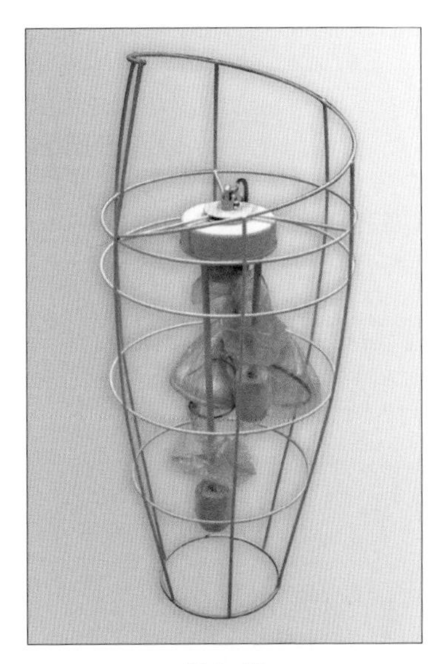

图 3–59

三、经线的固定

把直径约 0.5cm，长度约 80cm 的圆柳条经线放置在水池中浸泡 10~30 分钟，使其变柔软，不易被折断。

分别在 40 根圆柳条经线的一端约 10cm 处对角削薄，削去约 1/2 的厚度，如图 3–60 所示。

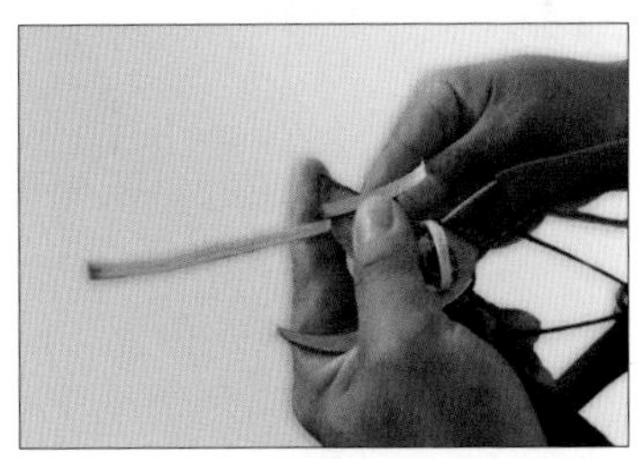

图 3–60

取一根经线，使其垂直于灯架底部的圆线圈，并将被削薄的一端约 10cm 处紧贴着圆线圈的外侧放置；然后，将被削薄的一端由下向上，由外向内绕着灯架线圈环绕，并到达该经线的左侧；再向右跨过该经线的正面，到达经线的右侧，末端向右伸展；用力将其拉紧，使之紧贴灯架线圈，并与灯架线圈成平行关系，如图 3–61 所示。

图 3–61

提示：在每次使用柳条开始编织或下次继续编织前，都需要先用水浸泡约 30 分钟，使其在编织弯曲时不易断裂。

提示：经线放置时，被削的一面作为反面，另一面作为正面。

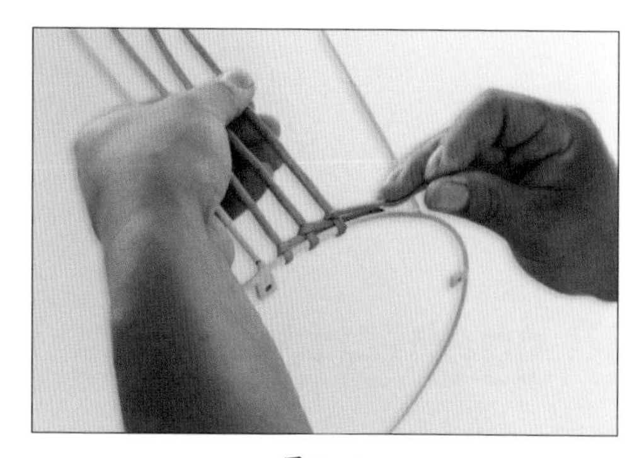
图 3-62

图 3-63

图 3-64

图 3-65

取另一根经线，在上一根经线的右侧垂直于灯架线圈并排放置，将被削薄的一端约10cm处紧贴圆线圈外侧；然后将被削薄的一端由下向上，由外向内绕着灯架线圈和环绕上一根经线向右伸展的末端，之后到达该经线的左侧；再向右跨过该经线的正面到达经线的右侧，末端向右伸展；用力将其拉紧，使之紧贴灯架线圈，并与灯架线圈成平行关系，如图3-62所示。

依上述方法，依次按逆时针方向添加并固定经线，直至回到始点处结束，并将最后一根经线的末端插进始点经线的背面，然后将多余的部分剪去，以使末端整齐地藏在经线背面。

四、灯架体的编织

1. 第1步：采用三棱环绕编织法编织2行

取6根直径约0.3cm的圆柳条纬线，将其放在水池中浸泡约30分钟，使其变柔软，编织时不易被折断。

以任意一根经线为始点，取3根纬线，分别将其一端从右向左的方向放置在始点经线和其右侧紧邻的两根经线的背面；然后取最左侧纬线，向右下压两根经线，再上挑一根经线，并从此经线的右侧穿出，回到灯架体正面，每次都取最左侧纬线依上述方法依次编织，当编织到与始点相会合处结束此行编。用剪刀将纬线的末端剪断，并藏在相邻的3根经线的背面。

依上述三棱环绕编织法再编织一行。

提示：从第2根经线的添加起，注意在环绕灯架线圈时，需同时将前1根经线向右伸展的末端一起环绕，形成被裹着的状态，使经线的固定更加牢固。每根经线之间需留约1cm的间距，便于灯架体的单向栽绒针法的编织，如图3-63所示。

2. 第 2 步：采用刺猬针法编织若干行

取若干根直径约 0.3cm 的圆柳条纬线，将其裁剪成每根约 30cm 的长度，并放置在水池中浸泡 30 分钟左右，使其变得柔软，不易折断，易于编织。

以任意一根经线为始点，取一根约 30cm 长的纬线，上挑始点经线，纬线两端在始点经线左右两侧向外自然伸展；然后将纬线右端沿始点经线右侧相交处向左轻轻折弯，再上挑始点经线左侧紧邻的一根经线后，末端自然地往灯架体外侧方向伸展；纬线两端上下张开，形成如燕子展翅般自然效果，如图 3-64~ 图 3-66 所示。

图 3-66

取另一根纬线，上挑始点经线右侧紧邻的一根经线，然后按照上述方法编织。

依照上述编织法，按逆时针方向依次进行编织，如图 3-67 所示。

图 3-67

3. 第 3 步：单向栽绒针法变化部位的编织

在灯架模型中，从底部到顶部分别设有 6 个铁线圈（参见图 3-59）。当编织至第 6 个铁线圈的始点处，需按照第 6 个铁线圈螺旋而上的形状进行单向栽绒针法的编织，即以第 6 铁线圈与每一根经线相交处作为界线，纬线的编织在此界线处结束，每一行的起针向后退一根经线，以形成螺旋而上的编织效果，如图 3-68 所示。

图 3-68

4. 第 4 步：灯架体收口处采用平编法编织

以灯架模型中，与最长的一根铁线重合的一根经线与第 6 铁线圈相交处作为始点（即螺旋而上编织部位的最低处）。取一根直径 0.3cm 的圆柳条纬线，在始点处将其一端放置在始点经线的背面，然后向右依次下压一根经线、上挑一根经线、下压一根经线、上挑一根经线……的平编法编织，如图 3-69 所示。

当编织至始点经线时，由于灯架呈螺旋而上的形状，此时纬线来到灯架缺口处，需将纬线环绕经线，然后往回编织一根经线的距离后，将末端剪断并收藏在经线的背面。

依此平编法，按照灯架螺旋而上的形状编织约 20 行的高度，如图 3-70 所示。

5. 第 5 步：灯具顶部的装饰

以三棱编织法编织，如图 3-71、图 3-72 所示。此部分详细的编织步骤及编织方法请参照制作灯具 1 时的第 5 步。

提示：收口处结束一行平编编织时，如果纬线剩余部分较长，则可以在环绕始点经线后继续往回进行平编法编织，直到纬线用完后再添加新的纬线。

图 3-69

图 3-70

图 3-71

图 3-72

第四章　教学成果

广州美术学院学生作品

《曲》

材料：木皮、柳条、不锈钢条

作者：陈珉锋

指导老师：覃大立

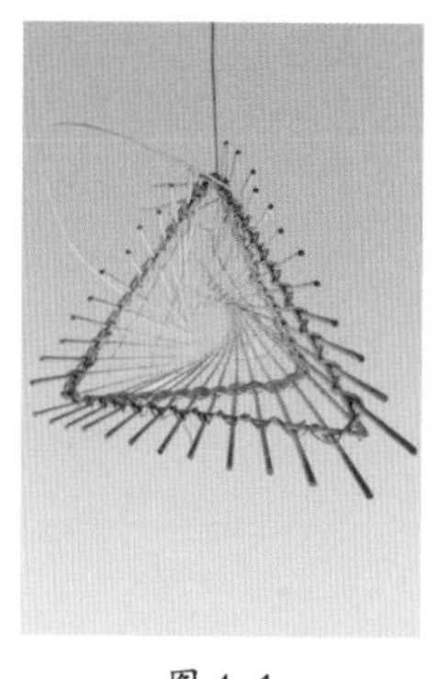

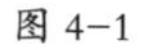
图 4-1

图 4-2

作品《曲》的设计灵感来源是古筝，也称“汉筝 ”。在将古筝形态进行简化的同时，给作品赋予了几何体的扭曲形态效果，形态简约美观，编织的方式使灯饰在材质上给人以视觉上的冲击。

其名之所以为“曲”，一者灵感来源来自于乐器古筝，乐器演奏之物即为曲，且灯饰形态婀娜，亦是曲态；二者我希望该作品不仅仅是一个装饰载体，通过该作品主要表达音乐的可视化，并赞美音乐给予人美的享受。音乐对于社会具有审美功能，认识、教育功能和娱乐功能。通过乐器的形态做成的灯饰，配上各种灯光颜色的变化来表达人的喜怒哀乐的情感变化，体现音乐是人们抒发感情、表现感情、寄托感情的艺术。同时音乐是社会行为的一种形式，反映社会生活，又给社会以深刻的影响。灯饰顶部的三角形态趋于向上，灯饰本身“曲”的形态也寓意着音乐将会随着时代的发展循循向上。

图 4-3

图 4-4

图 4-1，经线的固定。
图 4-2，灯架体的编织。
图 4-3，成品最终效果。
图 4-4，成品灯光效果。

图 4-9

图 4-5，灯架模型制作。
图 4-6，经线的固定。
图 4-7，灯架体的编织。
图 4-8，成品灯光效果。
图 4-9，成品最终效果。

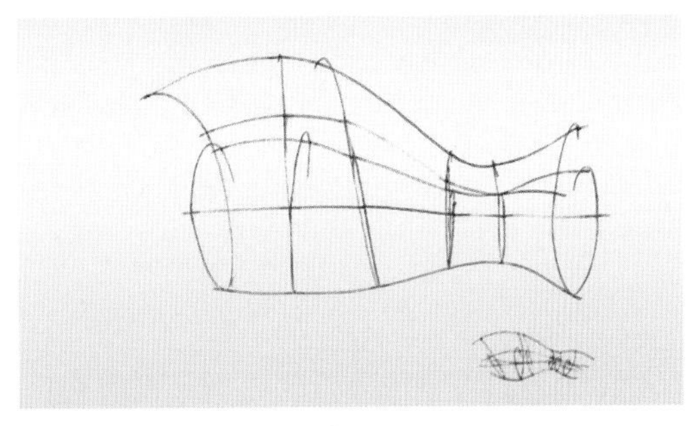

图 4-5

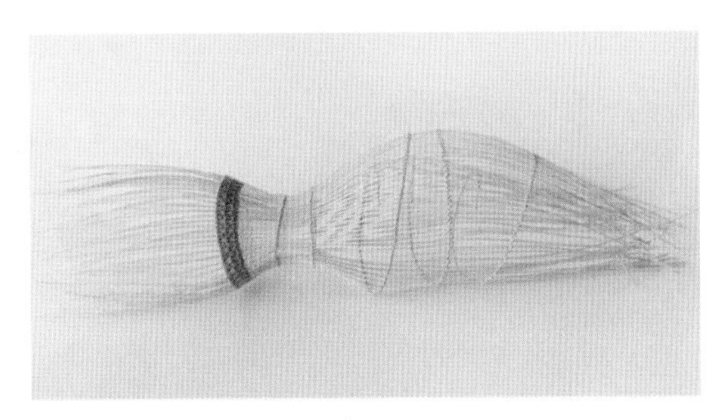

图 4-6

《海 · 螺》

材料：木皮、藤条、铁丝
作者：黄静欣
指导老师：覃大立

我的设计来源于海螺，小时候妈妈告诉我，用耳朵贴近海螺能够听到大海的声音，让我感受到大自然的美，我希望编织一个有关海螺的软雕塑，表达出自己对大自然的独特情怀。

整体的造型我参考了海螺的形状，呈卷曲状，雕塑的表面有不规整的纹理，两头较疏的经线与中间密集的纹理形成对比，从而表现出浑然天成、不经雕琢的感觉。

图 4-7

图 4-8

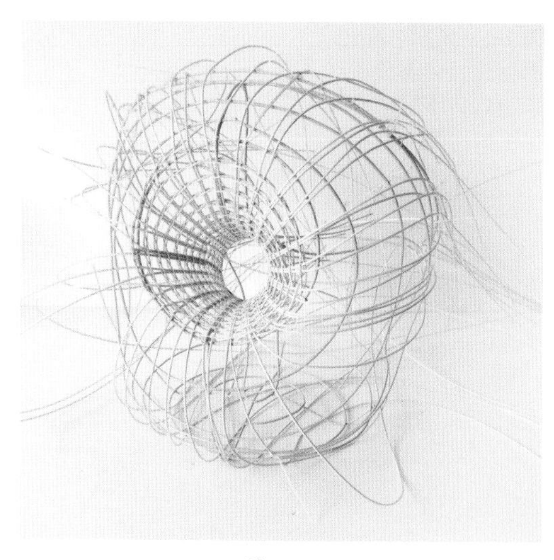
图 4-10

《在心里》

材料：藤条

作者：赖小曼

指导老师：覃大立

“胎盘”的包裹，“脐带”供给着氧气，母子共呼吸同生命。在我心里，她是包裹着我，我离不开我深爱着的女人。

“在我们的王国里，只有黑夜没有白天。天一亮我们的王国便隐形起来了，因为这是一个极不合法的国度，不被承认，不被尊重”——《孽子》。

在我心里，不为人知地沉重着。爱你的她、你爱的她，二者让人心乱如麻，疯狂咆哮着，而后奄奄一息。

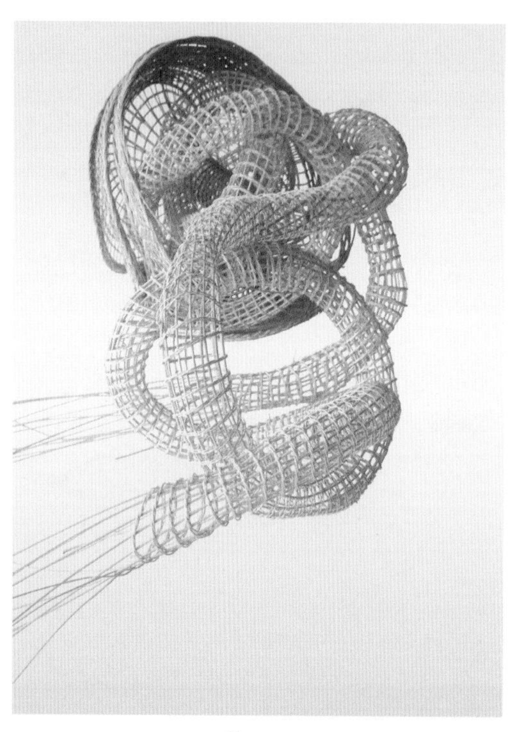
图 4-11

图 4-12

图 4-10，经线固定。
图 4-11，纬线编织。
图 4-12，成品最终效果。

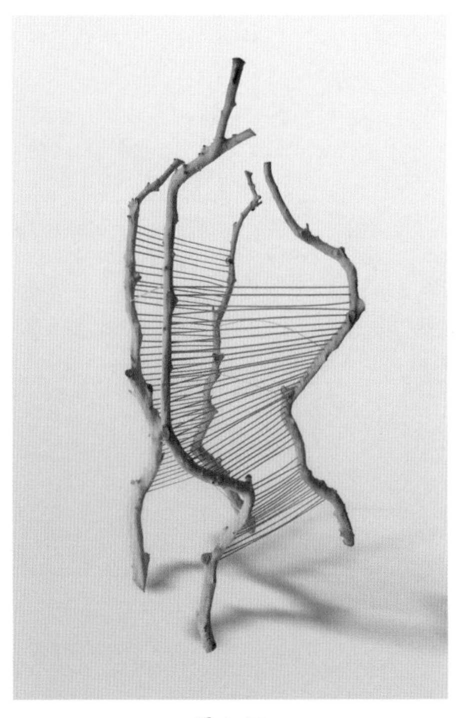
图 4-13

《束》

材料：枯树枝、竹条、木皮、藤条

作者：张曼

指导老师：覃大立

当初我在设计这件作品时是想创造一种挣脱束缚的感觉，采用了 4 根 150cm 高的枯树枝，想表达无力的束缚感，造型采用了无规则的自然性。中间利用钻孔机钻出 0.4cm 的圆孔，让木藤条能稳固地插在其中，4 根树枝间的藤条错落有致，交相呼应，在美观的同时又能起到支撑作用。

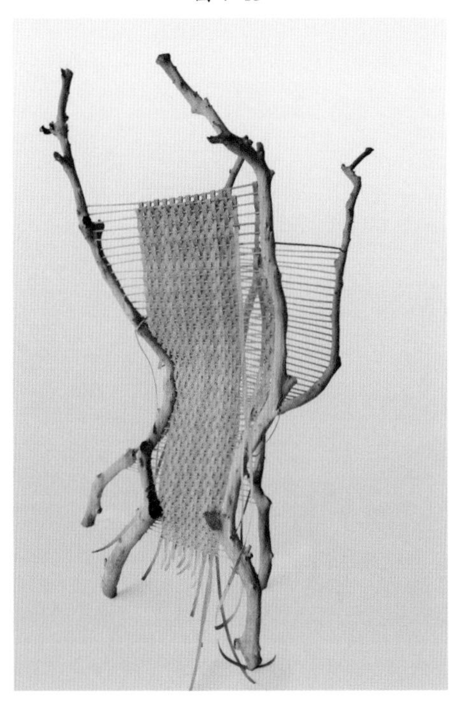
图 4-14

图 4-13，经线固定。
图 4-14，纬线编织。
图 4-15，成品最终效果。

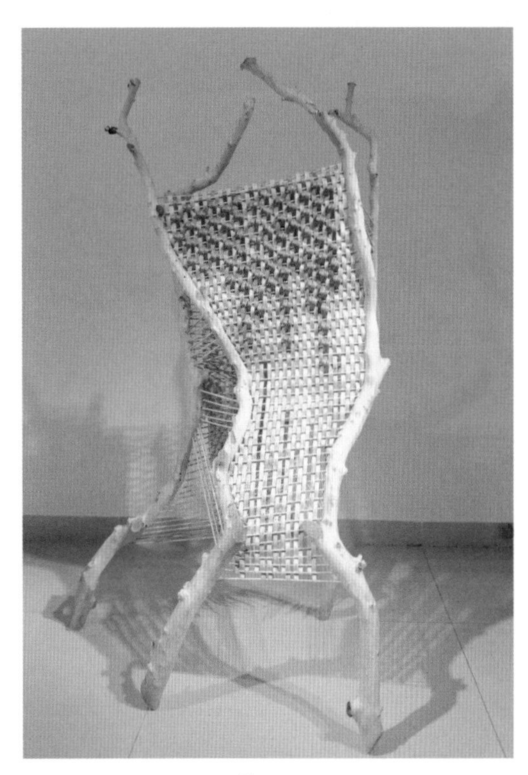
图 4-15

图 4-16，纬线编织。
图 4-17，作品局部。
图 4-18，作品灯光效果。
图 4-19，成品最终效果。

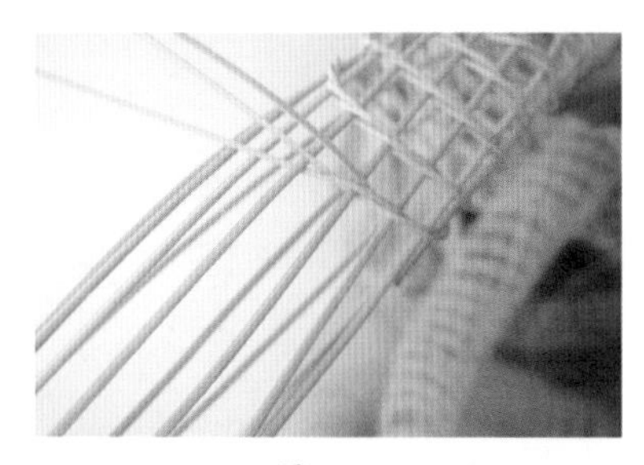
图 4-16

图 4-17

图 4-18

图 4-19

《情绪》

材料：藤条

作者：李灵灵

指导老师：覃大立

“事宽即圆”意为遇事只要从容对待，不操之过急，就能圆满解决。生活在躁动年代，我们的情绪陷入一个高低起伏、交错复杂的状态，糟糕的情绪影响到我们所做的每一件事。是否应该停下来想想，若是以一种从容的心态去对待社会的躁动和匆忙，即使一件事情再复杂、再困难，我们是否也能把事情圆满解决？

《浪》

材料：藤条、铁丝

作者：谭铭坤

指导老师：覃大立

藤编中翻滚的海浪，作品的设计初衷是想创作出一个行云流水、具有生命力的海浪。让人感受海浪那汹涌的气势，并通过它的高低错落形成节奏，产生韵律，从而奏响一曲澎湃的乐章。用最简洁的工艺呈现作品的自然、禅意、净化心灵、海纳百川。通过作品传达一种心灵的共鸣，净化自己的心灵。

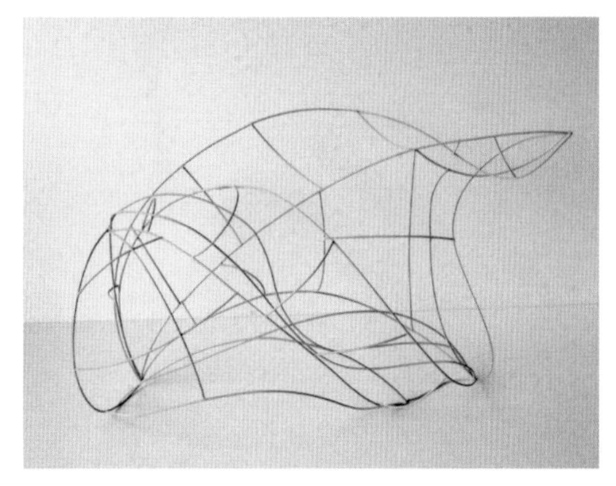

图 4–20

图 4–21

图 4–22

图 4–20，铁架模型制作。
图 4–21，纬线编织。
图 4–22，成品最终效果。

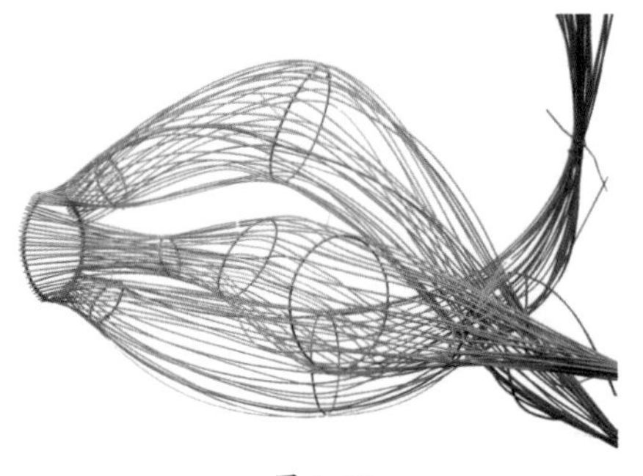

图 4-23

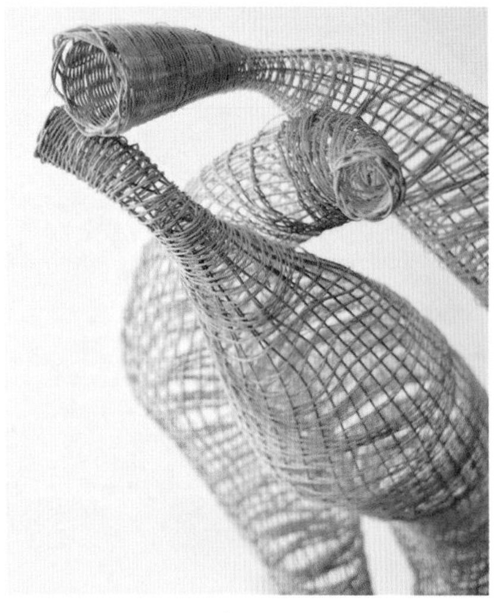

图 4-24

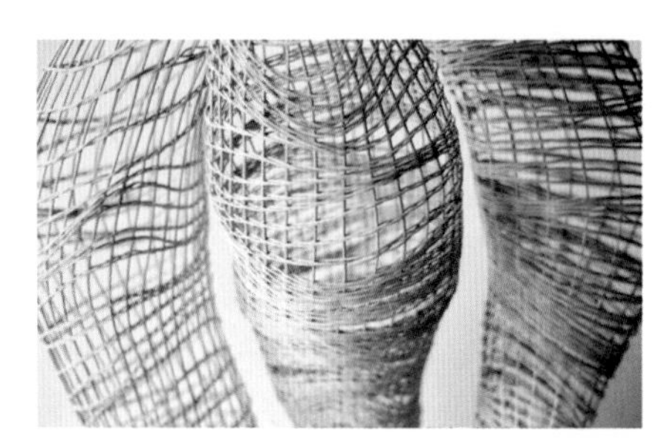

图 4-25

图 4-26

《同根》

材料：藤条、铁线

作者：刘丽姗

指导老师：覃大立

树根有一意——建立根基，《孔子家语·好生》："周自后稷，积行累功，以有爵土。公刘重之以仁，及至大王亶甫，敦以德让，其树根置本，备豫远矣。"提取根基之重中之重。

树根之强大与生长力，盘根交错、争相扎根、逆向生长。正如现今人类社会，人们来自相同的生命之源，为了这样那样的缘由争相向上，也许互相羁绊、也许互相融合、也许互相协同前进。

图 4-23，经线的固定。
图 4-24，作品编织（1）。
图 4-25，作品编织（2）。
图 4-26，成品最终效果。

<< ∞ >>

材料：藤条，铁丝

作者：王志斌

指导老师：覃大立

设计忠于自己的感知和内心，将自己的知觉体系和真实感受渗透在软雕塑的设计中并以此来构建形体的情感体验，它不以功能为目的，而是从造型上入手，着重心理的描述，由内而外，将自己的感知与形态设计联系起来。

“没有起点也没有终点”的理念使整个设计上采用具有无限循环形象、被认为无穷大符号“∞”的创意原型，体现出中国太极相生相灭和无始无终的哲学思想。整个展示内容和展示形式达到“神形一体”的和谐境界。

图 4-27

图 4-28

图 4-29

图 4-30

图 4-31

图 4-27，铁架模型制作。
图 4-28，作品局部（1）。
图 4-29，作品局部（2）。
图 4-30，作品局部（3）。
图 4-31，成品最终效果。

图 4-35

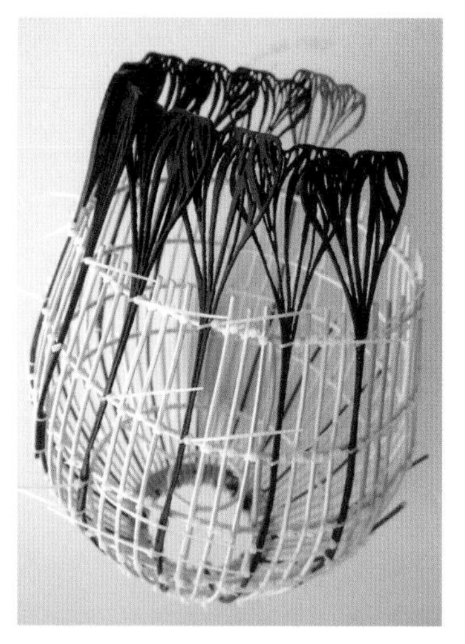

图 4-32

图 4-33

图 4-34

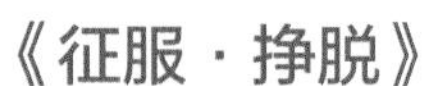

《征服 · 挣脱》

材料：藤条、木皮、铁线、喷漆、木板

作者：彭思思

指导老师：覃大立

征服：米色的藤条象征人类，普蓝色花瓣纹案象征自然。以“晨钟”为设计形态，意味着给人类敲响警钟，希望还大自然以自由的绽放。我们无限接近，会发现一切均变得纯粹又空灵。

挣脱：普蓝色花瓣纹案挣脱木皮向上绽放，象征自然挣脱人类束缚，像自由的灵魂一般。人类喜欢繁华，又总是止不住内心的荒凉，在彼此陶醉的满足表情中总是看到无尽的寂寞，在寂寞中惶恐不安，但自然总会给予最纯至的美来安慰我们。

图 4-32，经线的固定。
图 4-33，纬线编织。
图 4-34，作品灯光效果。
图 4-35，成品最终效果。

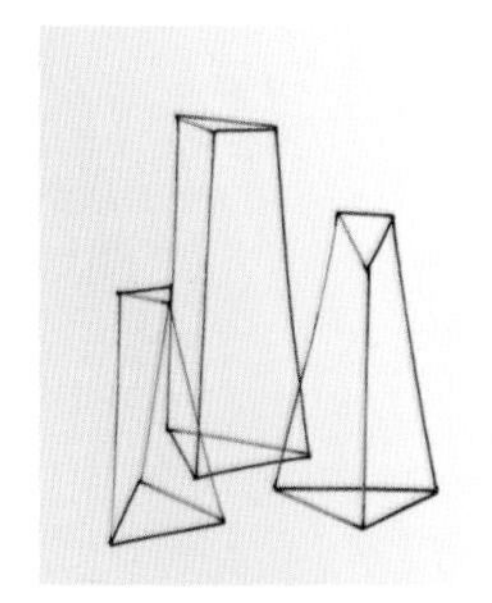

图 4-36

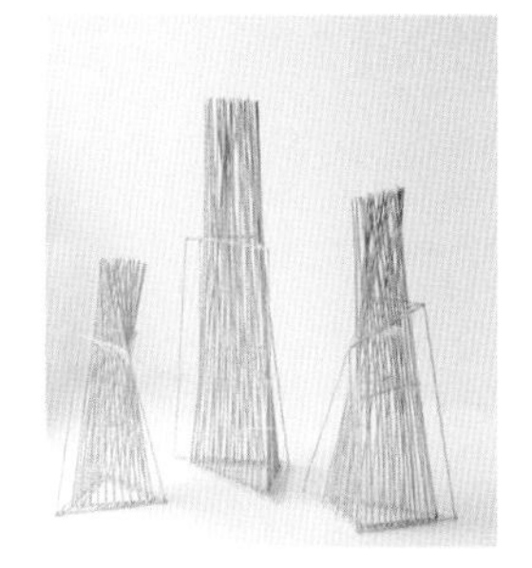

图 4-37

《纹》系列

材料：竹条、木皮、藤条、钢条

作者：廖晓琼

指导老师：覃大立

以三角线条形式作为整组作品造型的框架，结合简约和纯粹的设计理念，如图 4-36 所示。

将焊接完成的钢铁龙骨喷上与编织材料相近的漆。将藤条按比例固定在钢铁龙骨上，如图 4-37 所示。

本系列作品，主要运用平针、菠萝针和锥形针编织工艺进行木皮编织。木皮编织结束后，用藤条收口锁边。作品的外层钢铁龙骨，采用拉线的手法进行，整体造型呈直线。内外两种工艺的结合塑造了线与面的肌理感，产生强烈的视觉冲击力，如图 4-38 所示。

作品完成后，结合灯光效果，肌理更加迷人，如图 4-39 所示。

《纹》系列成品最终效果如图 4-40 所示。

图 4-38

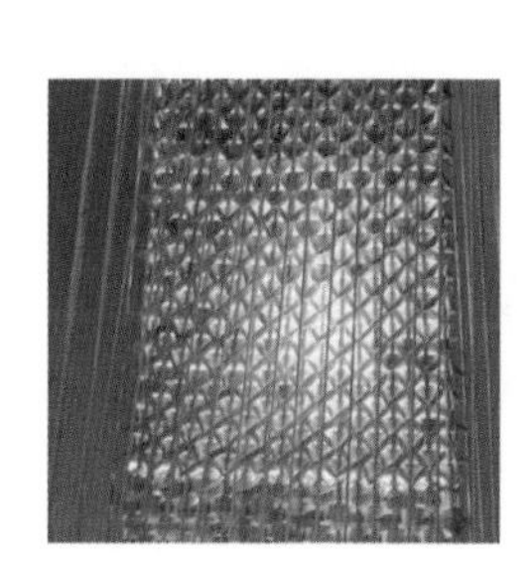

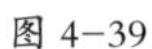

图 4-39

图 4-40

图 4-36，灯架模型制作。
图 4-37，经线的固定。
图 4-38，纬线编织。
图 4-39，作品灯光效果。
图 4-40，成品最终效果。

《动静》

材料：藤条、铁丝

作者：周泽人

指导老师：覃大立

图 4-41

图 4-42

随着社会的发展，人们生活的节奏越来越快，虽然有了工作效率，但却失去了一些“慢”的美好，我想借助舞蹈形态的动静来表达人们生活的方式，就像是舞蹈。人们总是一味去追求把整套舞蹈动作跳完，殊不知中间的每一个动作都是美好的。以延时拍摄的舞蹈动作为灵感来源，用较为轻松的编织手法来表现，更能体现作品本身的价值与意义。

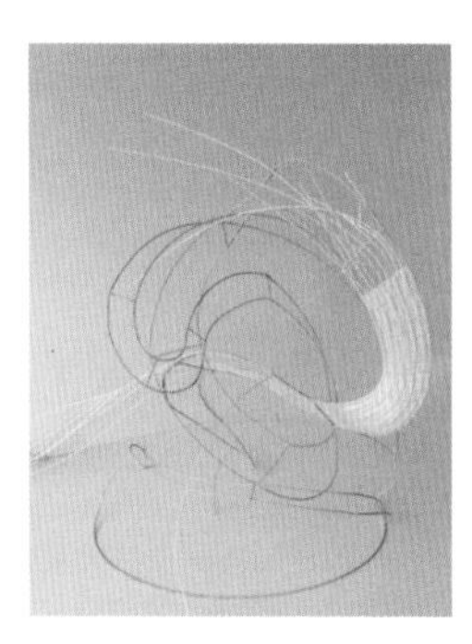

图 4-43

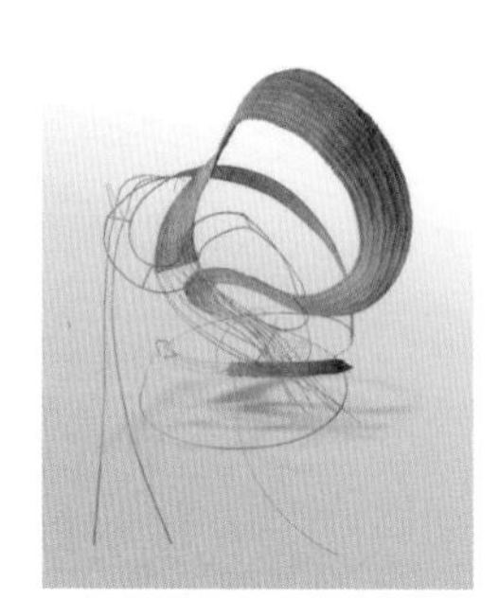

图 4-44

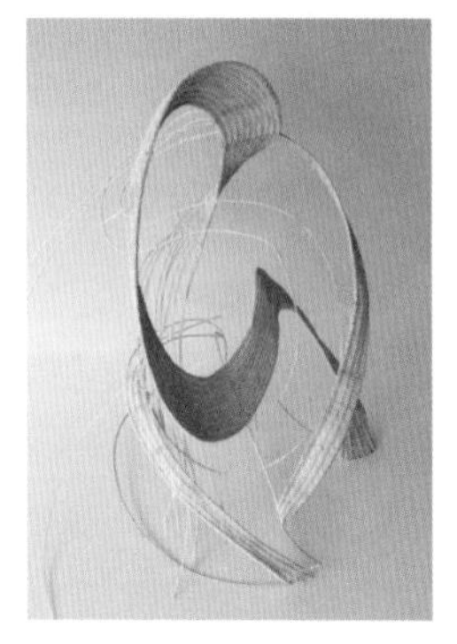

图 4-45

图 4-46

图 4-47

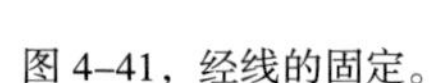

图 4-41，经线的固定。
图 4-42，纬线的编织（1）。
图 4-43，纬线的编织（2）。
图 4-44，纬线的编织（3）。
图 4-45，纬线的编织（4）。
图 4-46，纬线的编织（5）。
图 4-47，成品最终效果。

《时光肌》

材料：竹条、木皮、铁丝（框架）

作者：庄一灿

指导老师：覃大立

日光倾城而下，时光摆上的印记在身后层层腐朽。岁月，对人来说是一样人捉摸不透的东西。然而，就是这样东西，使人更珍惜自己的时光。作品灵感来源于沙漏的造型，采用简单直白的几何图形进行设计，编织手法上采用圈圈针的手法编完整体，达到一种特殊的肌理效果。圈圈由两头大慢慢变化到中间越来越小，增强了作品的细节感与趣味性。圈圈的肌理效果也寓意着时光在生活的点点滴滴中流逝，表达出要珍惜时光这一实实在在的情感。灯光的置入为作品增添实用功能，作为家用落地灯，温暖的灯光下希望岁月能走得慢一些。

图 4-51

图 4-52

图 4-48

图 4-49

图 4-50

图 4-48，经线的编织。
图 4-49，纬线的编织。
图 4-50，细节效果。
图 4-51，整体效果。
图 4-52，成品灯光效果。

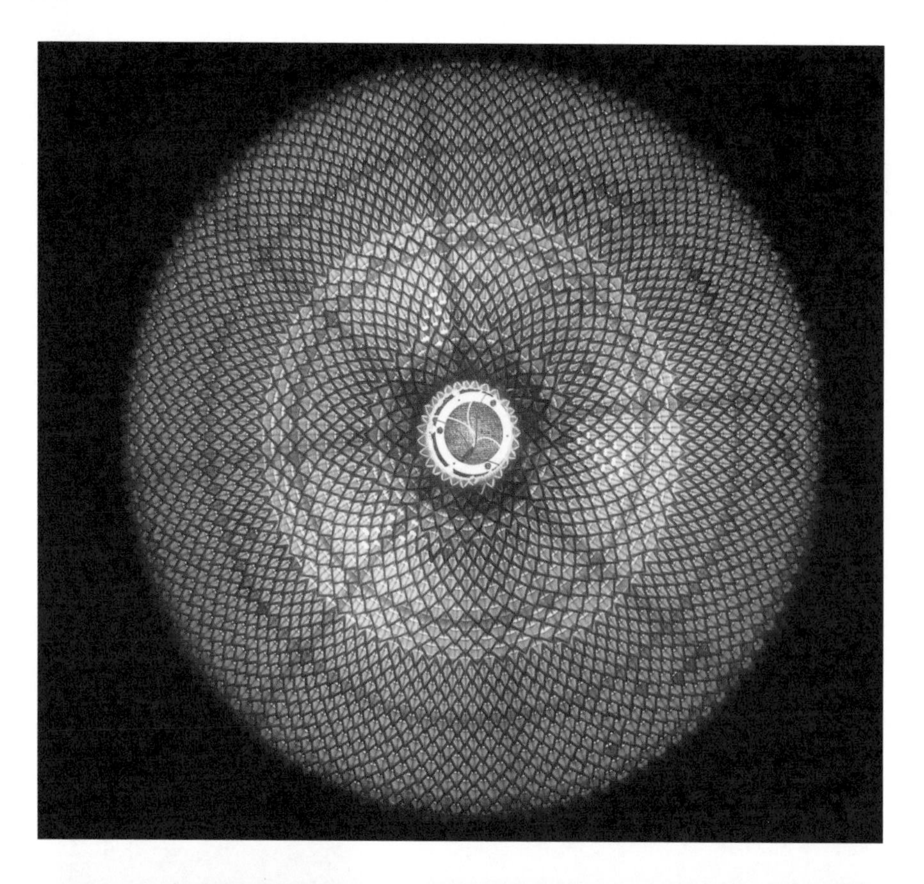

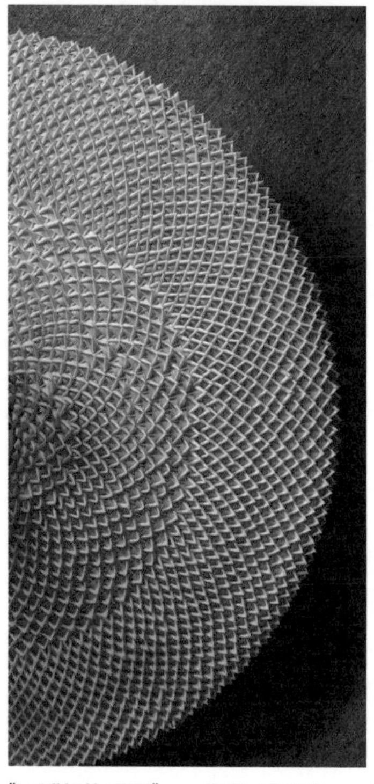

《飞碟灯饰系列》 作者：梁尚燕 指导老师：覃大立 2012 年 PE 藤 1000mm × 300mm

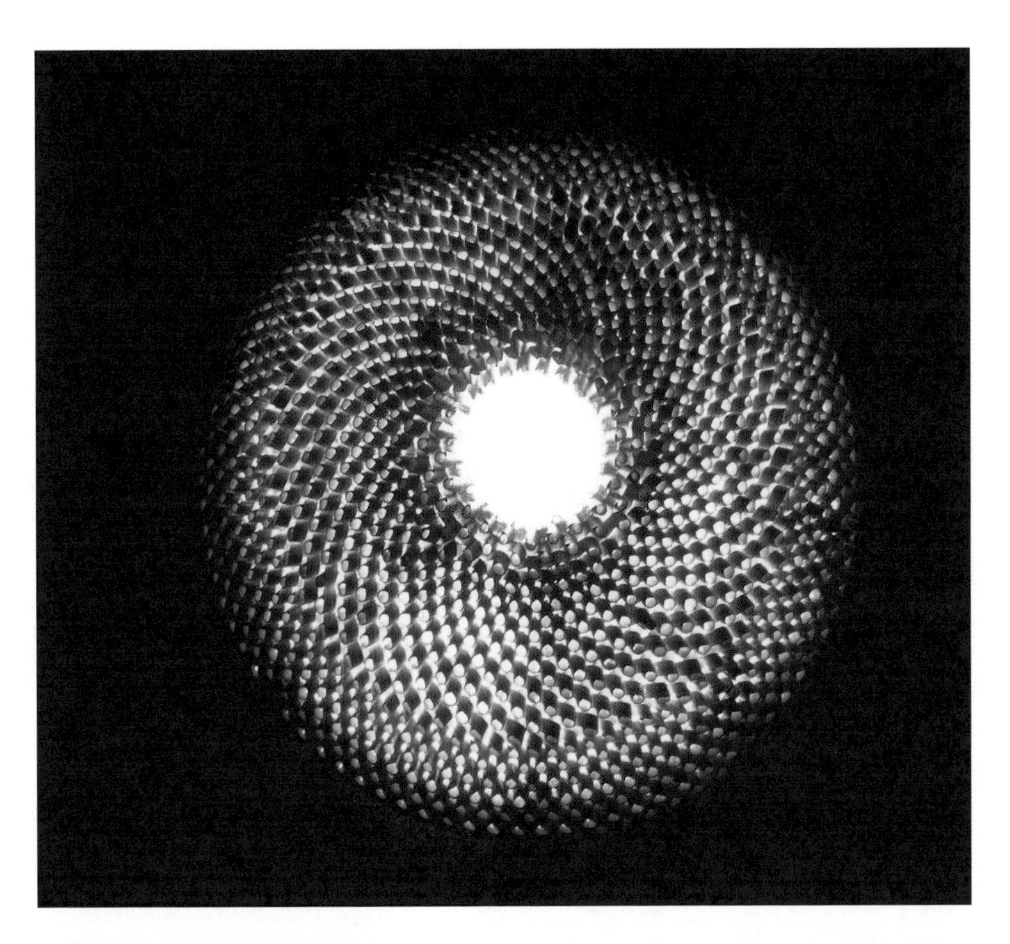

《飞碟灯饰系列》　作者：梁尚燕　指导老师：覃大立　2012 年　PE 藤　600mm × 200mm

《记忆 · 痕迹》　作者：梁尚燕　指导老师：覃大立　2014 年　藤　1100mm × 1000mm × 900mm

《记忆 · 痕迹》内部结构

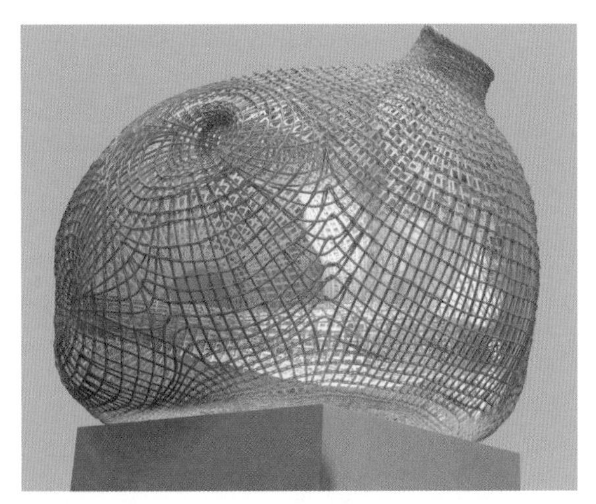

《记忆 · 痕迹》之一

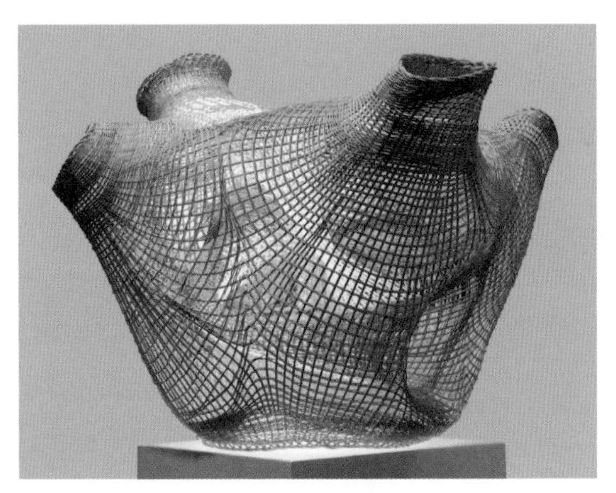

《记忆 · 痕迹》之二

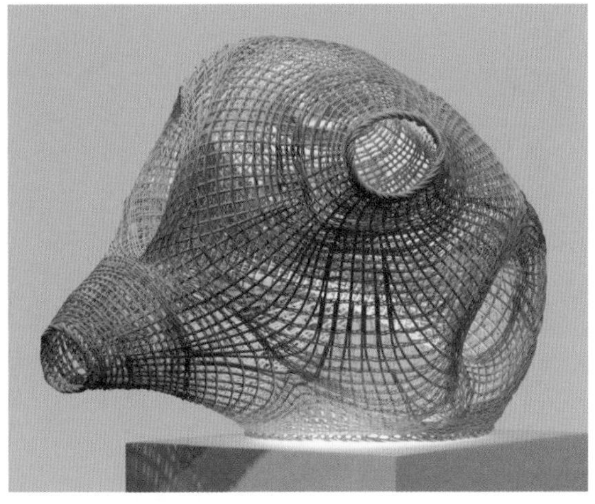

《记忆 · 痕迹》之三

《86 号种子》 作者：罗新好 指导老师：覃大立 2011 年
综合材料

《86 号种子》局部

《86 号种子》局部

中国美术学院学生作品

《浮光》 作者：黄相斌、胡屹峰、吴夏何子、屠周仪 指导老师：覃大立 2016年 藤

《洞态》局部一

《洞态》局部二

《洞态》局部三

《洞态》局部四

《洞态》 作者：章家玮、郭子馨、陈怡汝 指导老师：覃大立 2016 年 竹、藤

《无题》局部

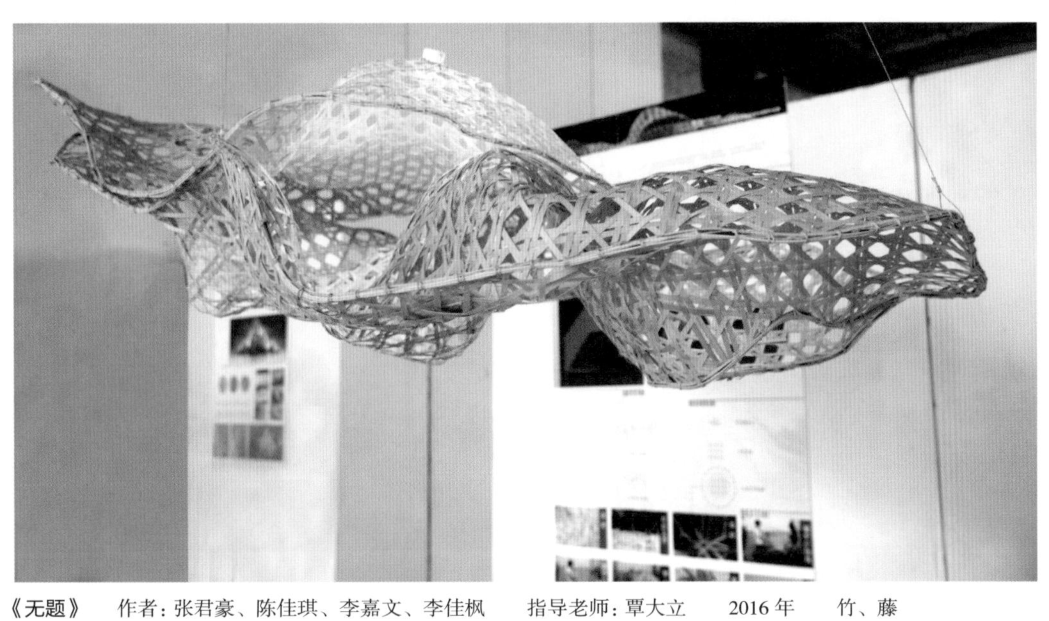

《无题》　作者：张君豪、陈佳琪、李嘉文、李佳枫　指导老师：覃大立　2016 年　竹、藤

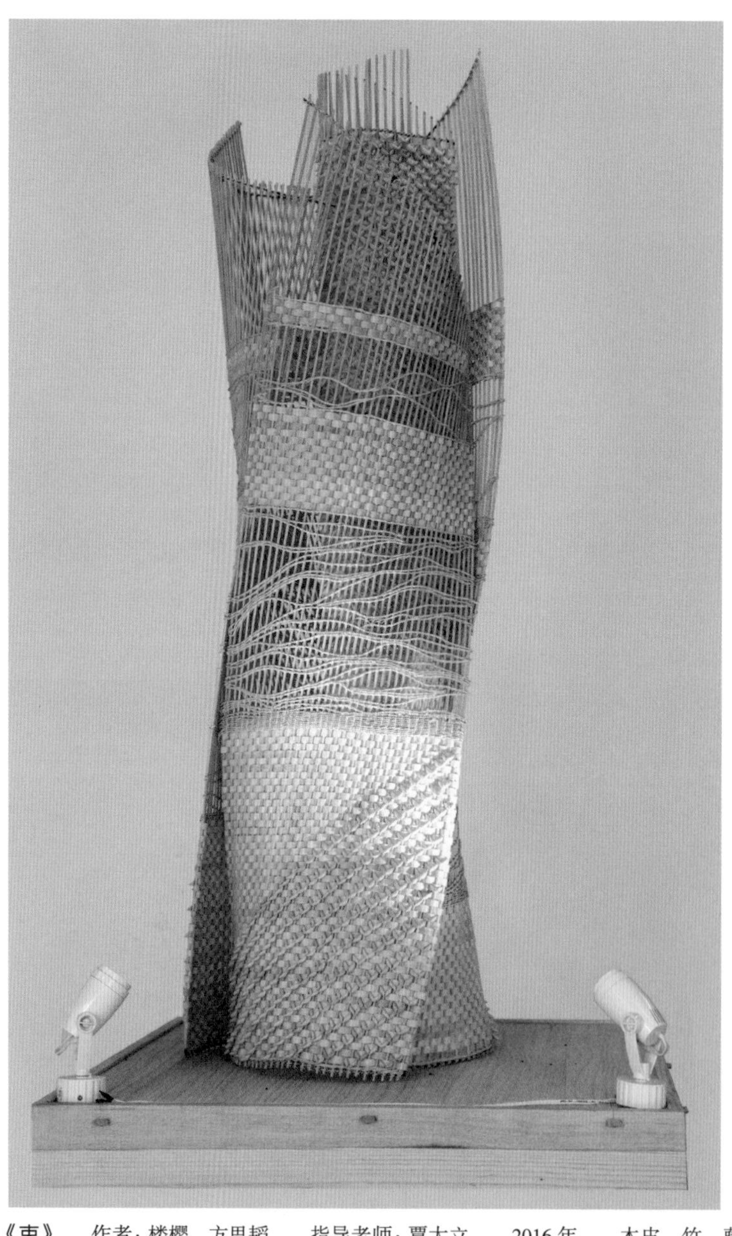

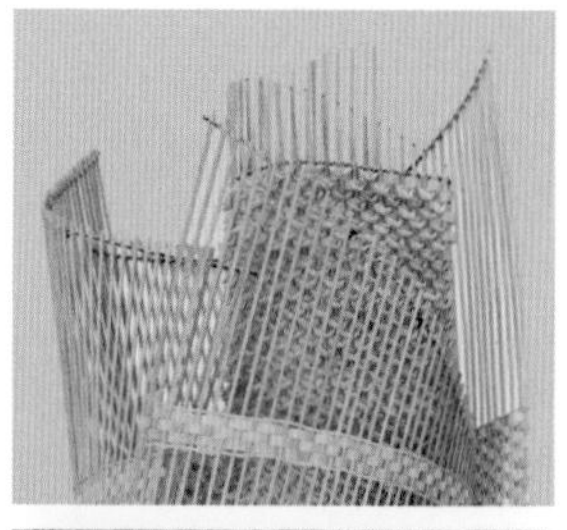

《束》 作者：楼樱、方思韬 指导老师：覃大立 2016 年 木皮、竹、藤

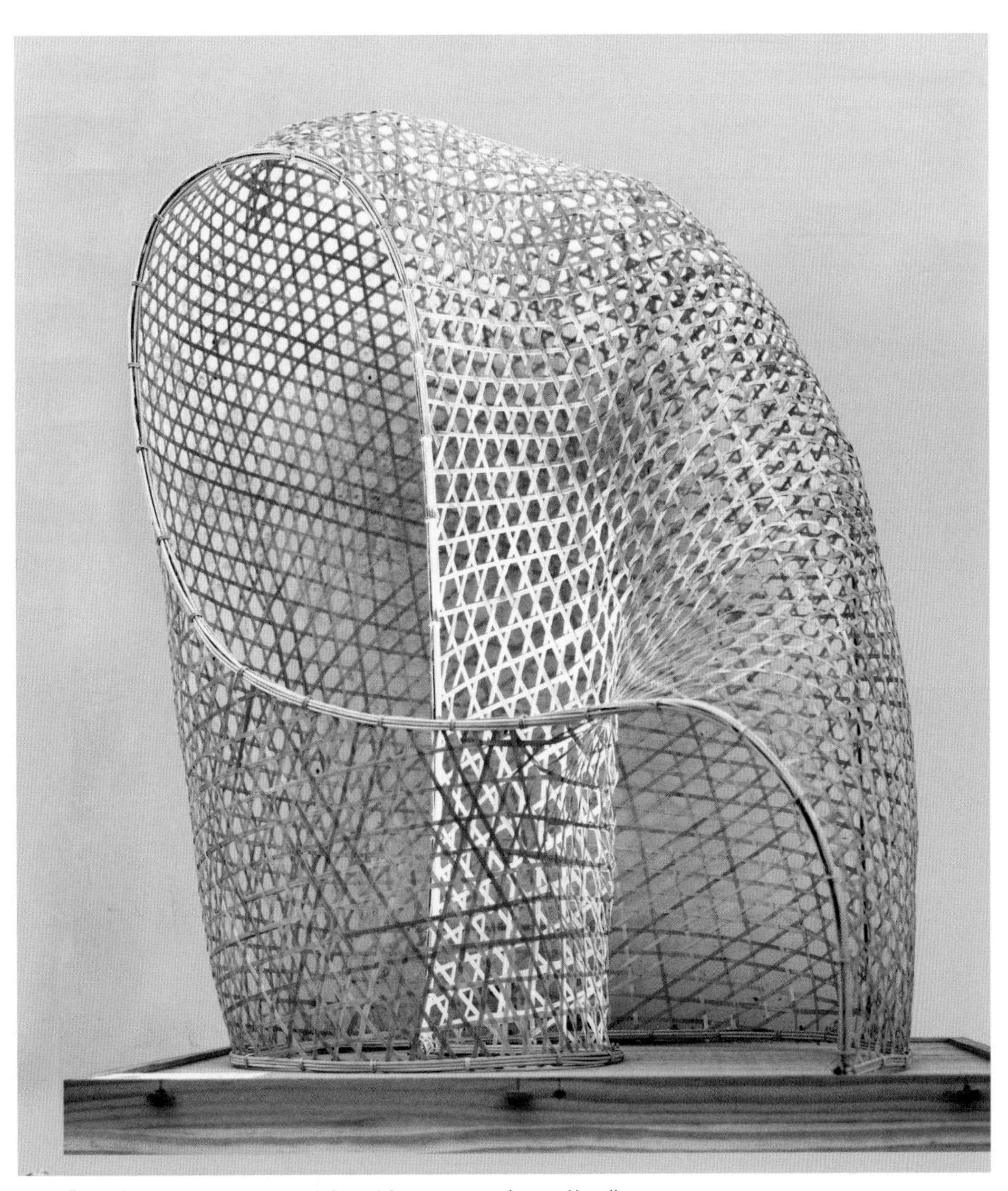

《拥抱》　作者：周丹妮　指导老师：覃大立　2016 年　竹、藤

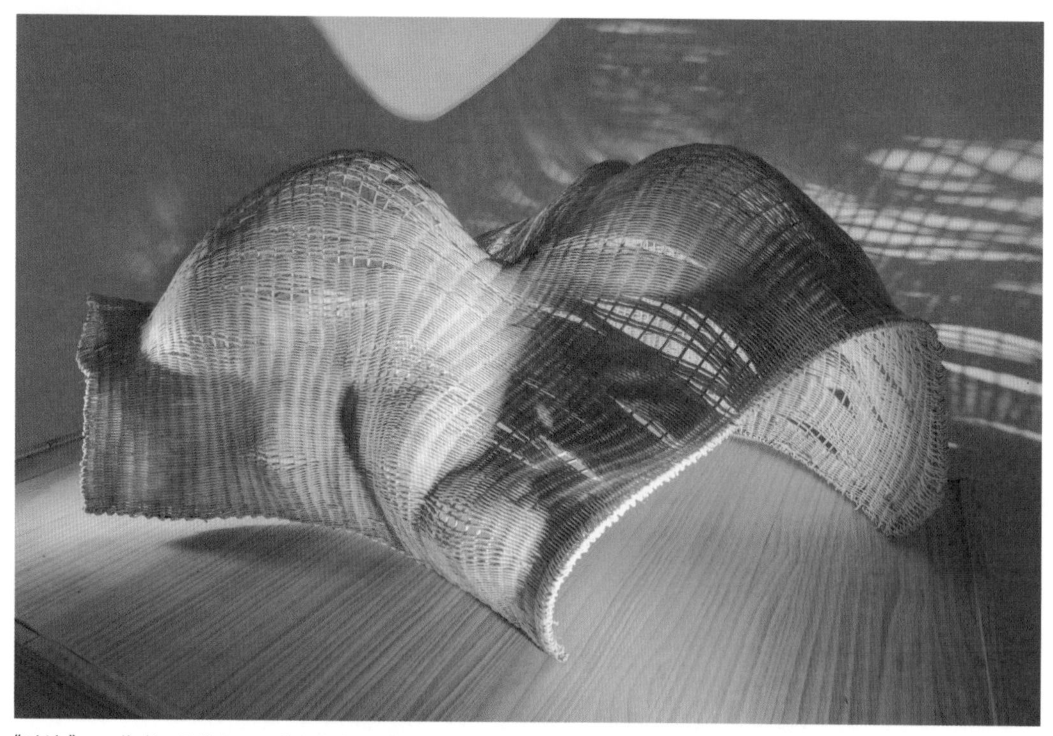

《暗流》 作者：吕婕容 指导老师：覃大立 2016 年 藤

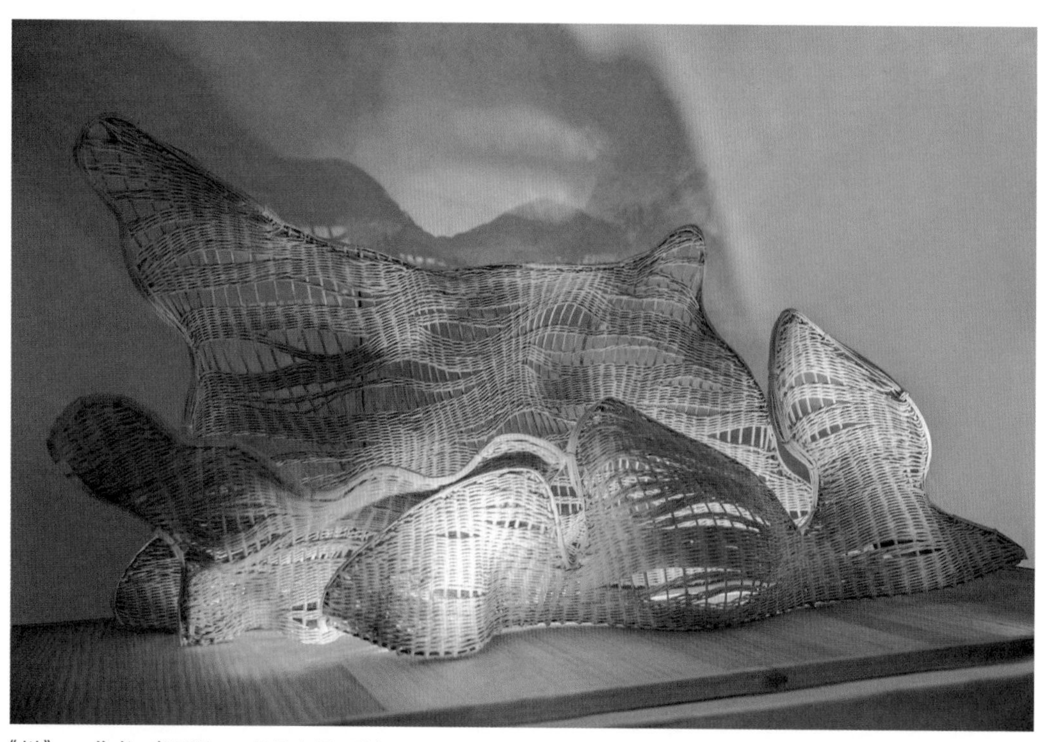

《川》 作者：虞思源 指导老师：覃大立 2016 年 藤

《洞澈》　作者：林小桢　指导老师：覃大立　2016 年　竹、藤

《竹石》 作者：殷子俊、智深博、陈宣鳌 指导老师：覃大立 2016年 竹、藤

《蛹》　作者：李郑菲　　指导老师：覃大立　　2016 年　　藤、木皮

《川岛》 作者：李若琳 指导老师：覃大立 2016 年 藤

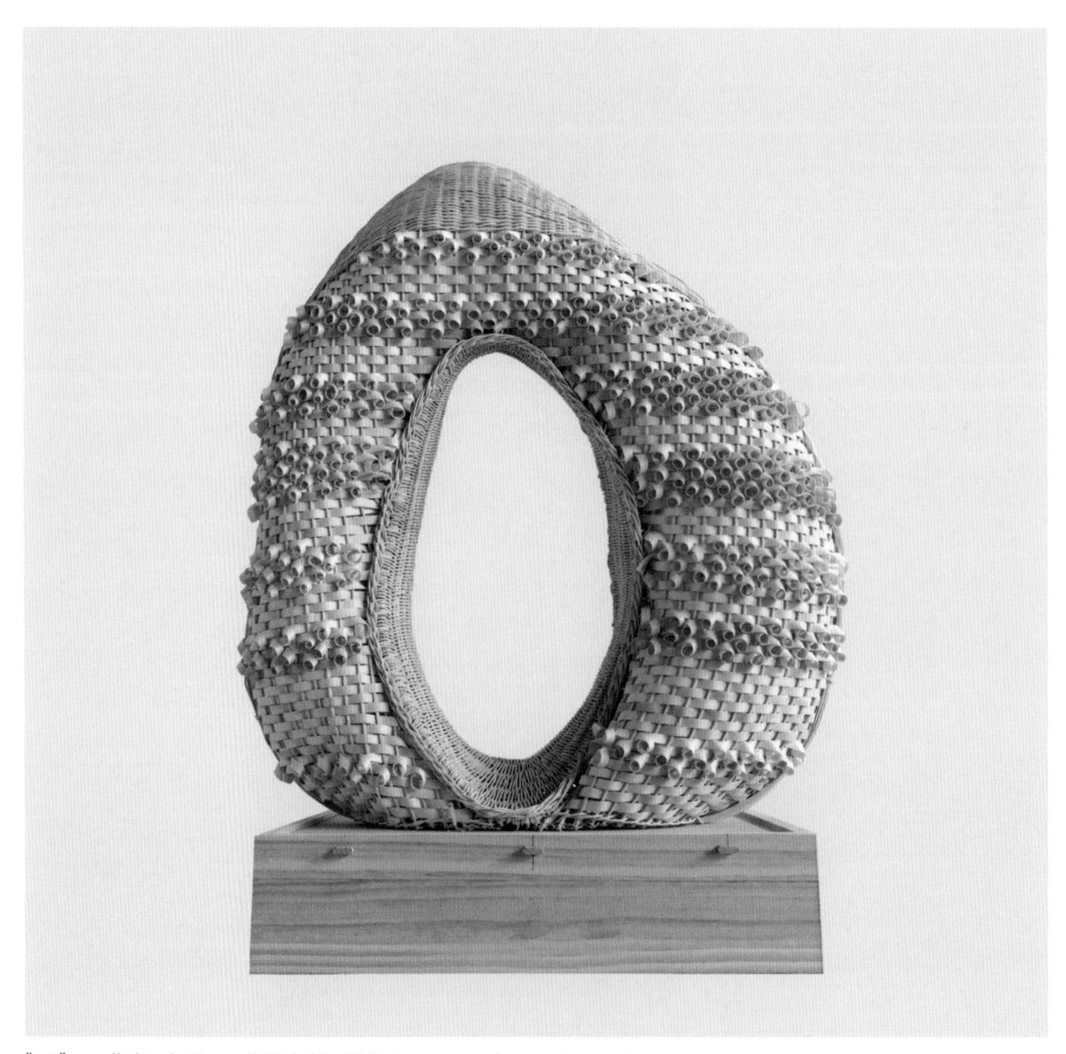

《元》 作者：卞磊 指导老师：覃大立 2016 年 木皮、藤

《2015 年 11 月》　作者：王晰静　　指导老师：覃大立　　2015 年　　藤

《独览四荒》 作者：李顺义 指导老师：覃大立 2015 年 藤

《海鲧（玄武）》　作者：石冰　指导老师：覃大立　2015 年　藤

《青藤浅语》 作者：程晓芳 指导老师：覃大立 2015 年 藤

《轮回》　作者：孙中岳　　指导老师：覃大立　　2015 年　　藤

《异生物》 作者：孔庄凝 指导老师：覃大立 2015 年 藤

《家》　作者：袁姝　指导老师：覃大立　2015 年　藤

《无法复刻的温度》 作者：刘攀 指导老师：覃大立、梁尚燕 2015 年 藤

《三千丈》 作者：卢江南 指导老师：覃大立 2015 年 藤

苏州工艺美术设计学院学生作品

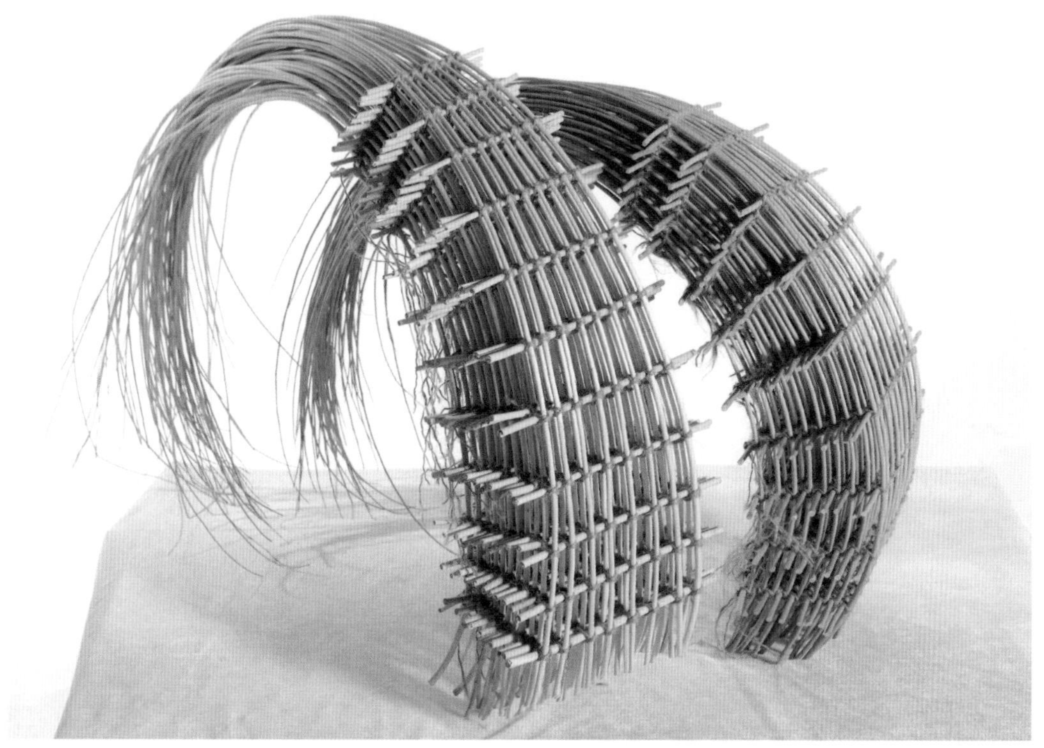

《编织软雕》　作者：学生　指导老师：覃大立　2011 年　柳条　800mm × 300mm

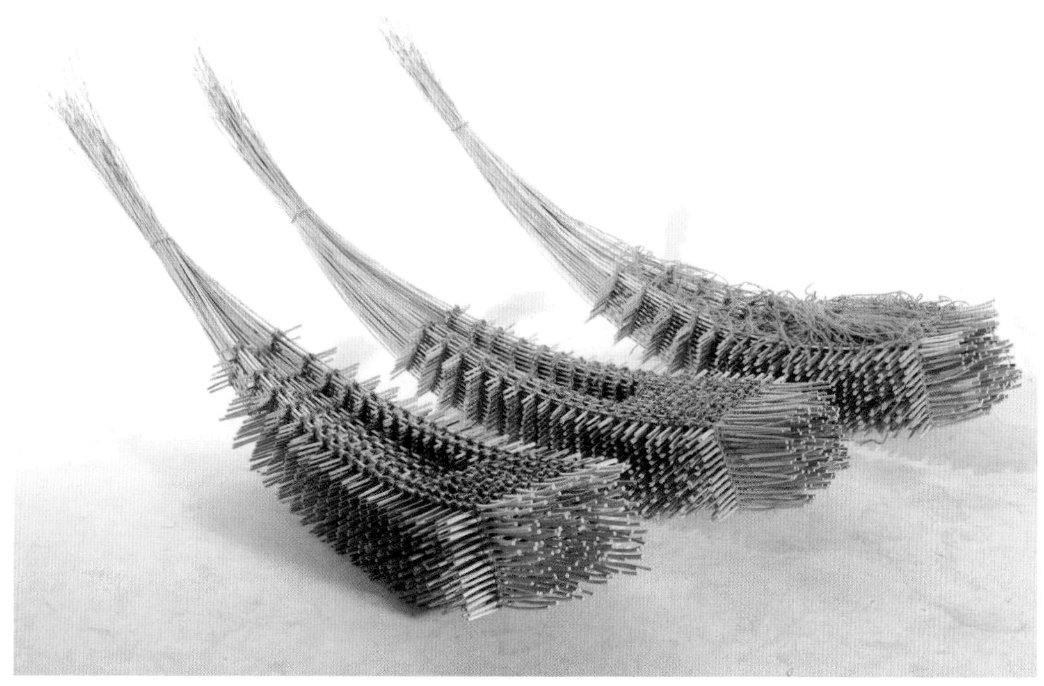

《编织软雕》　作者：学生　指导老师：覃大立　2011 年　柳条　1000mm × 300mm

《编织灯饰》　作者：学生　指导老师：覃大立　2011 年　竹、木皮、藤　600mm × 250mm/500mm × 200mm

《编织灯饰》　作者：学生　指导老师：覃大立　2011 年　竹、木皮、藤　500mm × 200mm/450mm × 150mm/1200mm × 350mm

第五章　作品欣赏

《编织饰品》 覃大立 2010 年 木皮、竹片、藤条
1040mm × 320mm

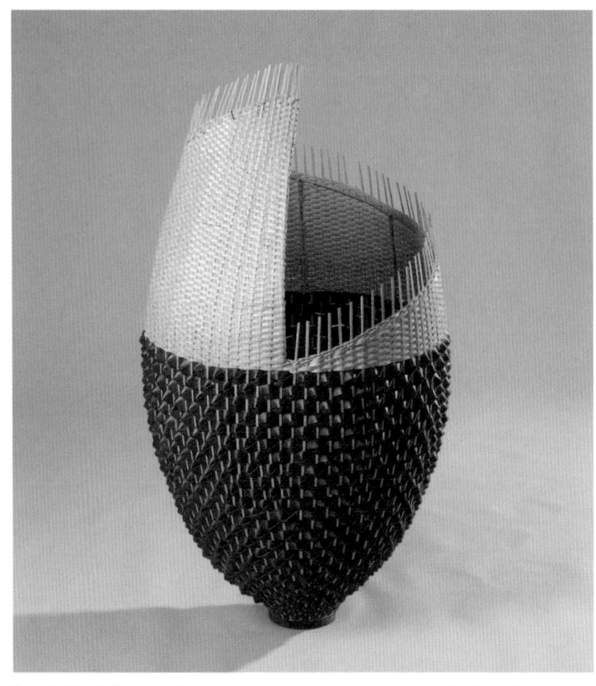

《编织饰品》 覃大立 2010 年 木皮、竹片、藤条
800mm × 550mm

《编织饰品》　覃大立　2010 年　木皮、藤条　700mm × 300mm

《龙鳞系列》　覃大立　2010 年　木皮、藤　600mm × 350mm/250mm × 400mm

《编织饰品》 覃大立 2010 年 木皮、藤
400mm × 100mm

《编织饰品》 覃大立 2010 年 木皮、藤
300mm × 150mm

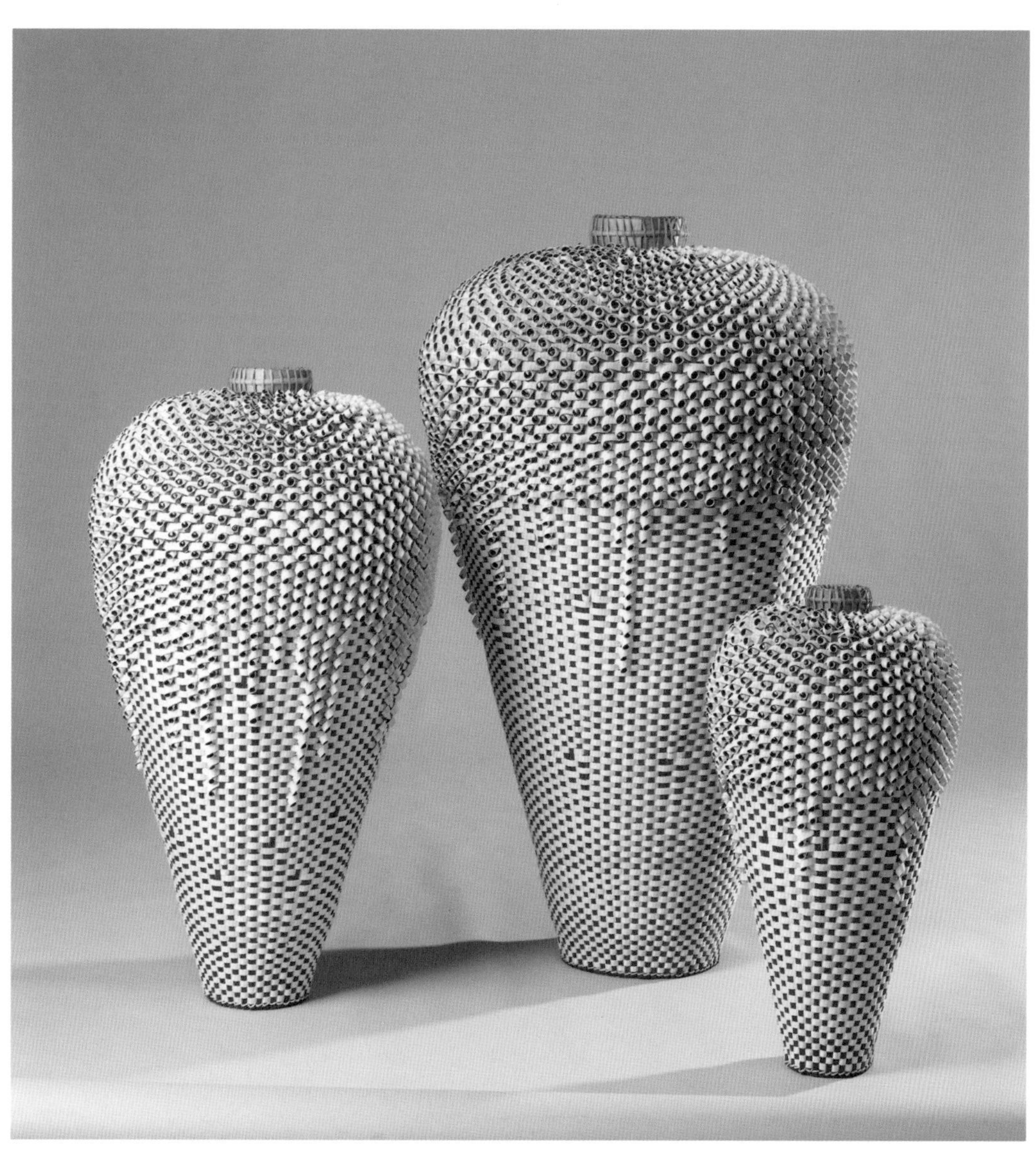

《编织饰品》　覃大立　2010 年　木皮、藤　930mm × 530mm/1150mm × 715mm/680mm × 370mm

《编织饰品》 覃大立 2010 年 木皮、藤 930mm × 530mm

《编织饰品》　覃大立　2010 年　柳条
1000mm × 400mm

《编织饰品》　覃大立　2010 年　柳条
800mm × 500mm

《编织饰品》 覃大立 2010 年 柳条、木板 1300mm × 400mm

《编织饰品》　覃大立　2010 年　木皮、竹条、藤
700mm × 450mm

《编织饰品》　覃大立　2010 年　木皮、藤
1400mm × 700mm

《编织灯饰》　覃大立　2010 年　木皮、竹条、藤
1650mm × 480mm

《编织灯饰》　覃大立　2010 年　木皮、竹条、藤
1650mm × 480mm

《编织饰品》　覃大立　2010 年　木皮、竹条、藤　700mm × 850mm

《毛毛球》 覃大立 2010 年 柳条 1000mm × 1000mm

《豪猪》　覃大立　2010年　柳条　1600mm × 850mm

《编织饰品》 覃大立 2010 年 不锈钢 850mm × 400mm

《编织饰品》　覃大立　2010 年　铜片编织　800mm × 350mm

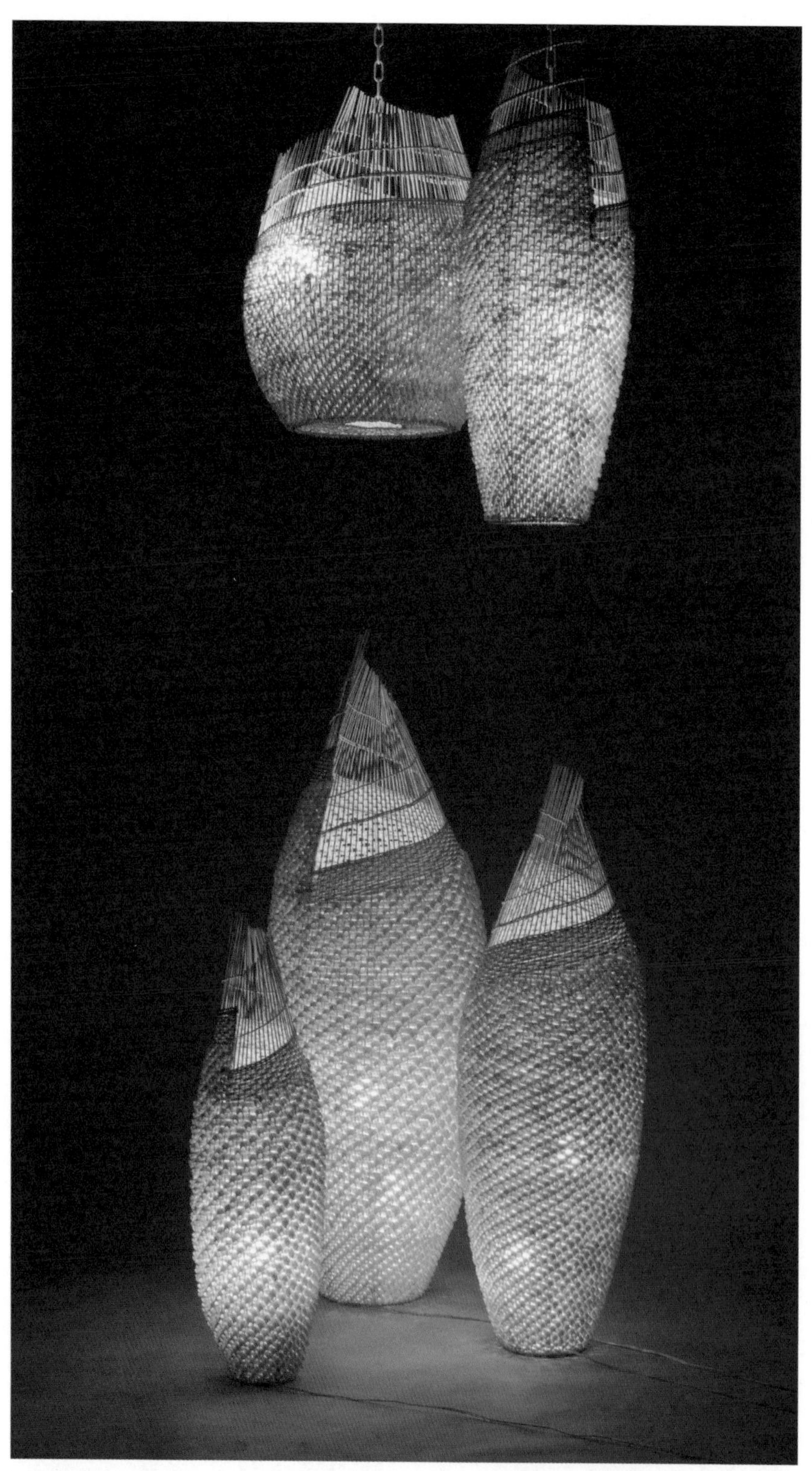

《五谷丰灯》 覃大立 2010年 木皮、竹条、藤 1800mm × 580mm/1370mm × 440mm/1030mm × 300mm/580mm × 200mm/570mm × 590mm

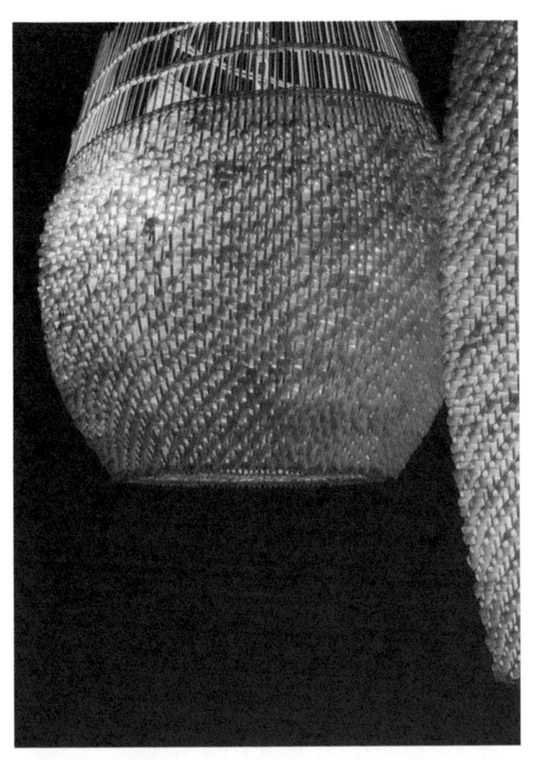

《五谷丰灯》局部一

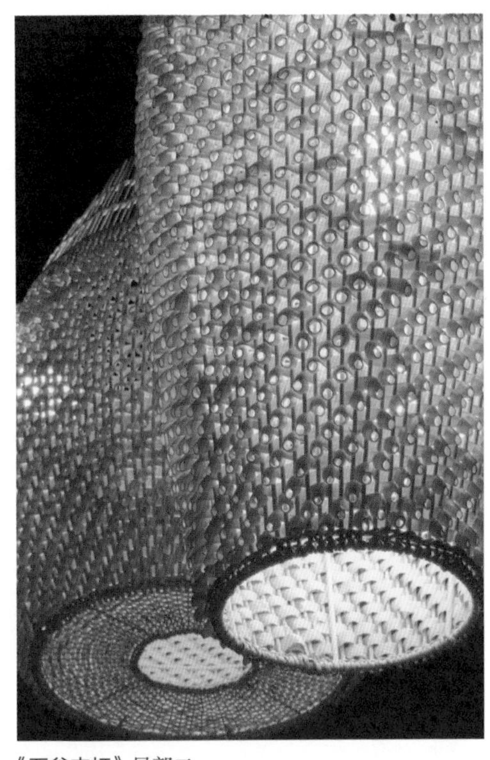

《五谷丰灯》局部二

《五谷丰灯》局部三

《五谷丰灯》局部四

《对话系列》　覃大立　2010 年　柳条　3500mm × 1200mm × 1000mm/2500mm × 450mm × 650mm

《编织软雕》　竹、藤　1200mm × 1000mm　图片摄于广州文华东方酒店

《Waiting》 Deborah Smith 草编

《In Flight》 Deborah Smith 草编

《 River Roost 》 Deborah Smith 草编

《Hope》 Deborah Smith 草编

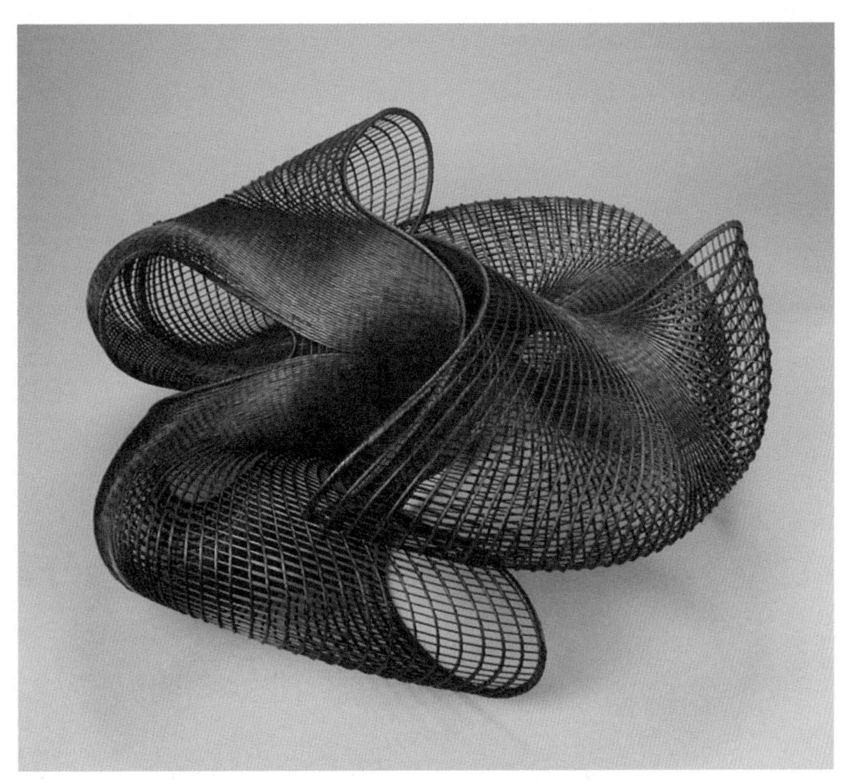

《Galaxy》 Honda Syoryu 竹、藤

《无题》 Honda Syoryu 竹编

第六章　工程案例

《炎陵和一大酒店大堂编织饰品》　覃大立　2013 年　藤　3000mm × 750mm

《炎陵和一大酒店中餐厅包厢编织灯饰》 覃大立 2013 年 柳条 2000mm × 450mm

《炎陵和一大酒店宴会厅编织灯饰》　覃大立　2013 年　藤　3200mm × 2800mm × 600mm

《炎陵和一大酒店宴会厅前厅编织灯饰》 覃大立 2013 年 藤 2800mm × 2400mm × 500mm

制作情境图片（一）

制作情境图片（二）

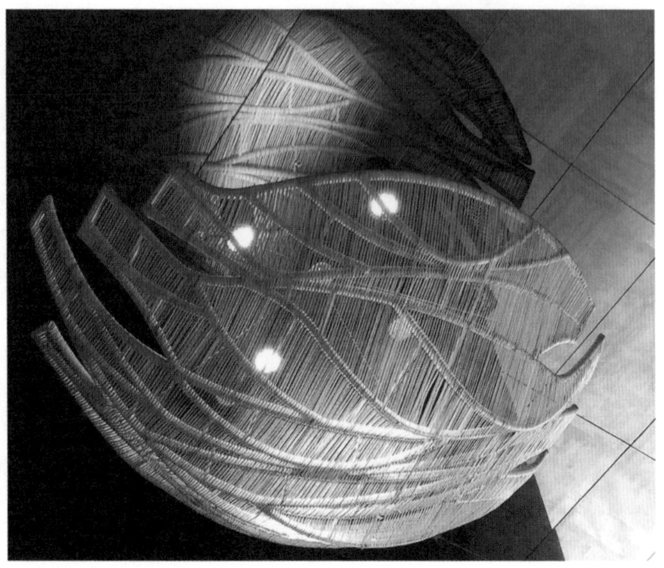

作品局部

《炎陵和一大酒店客房床头挂饰》 覃大立 2013 年 木皮、藤 900mm × 300mm

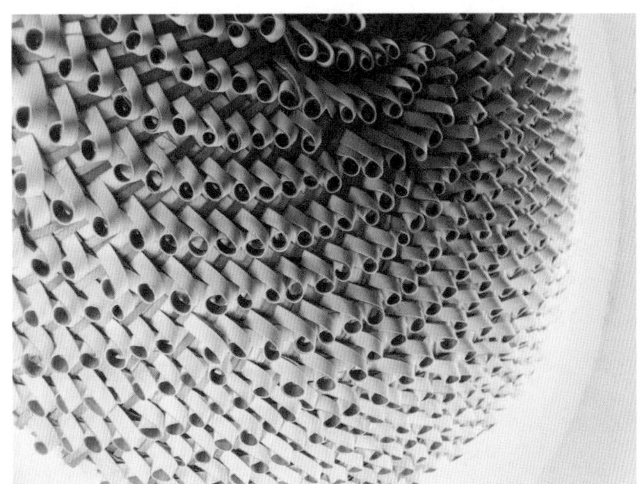

作品局部

《炎陵和一大酒店客房床头挂饰》 覃大立 2013 年 木皮、藤 900mm × 300mm

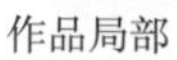

作品局部

《广州美术学院创新创业孵化基地》　2016 届陈设班 8 位学生　指导老师：覃大立、姬舟、胡娜珍、梁尚燕
2016 年　竹

《广州美术学院创新创业孵化基地》 2016 届陈设班 8 位学生 指导老师：覃大立、姬舟、胡娜珍、梁尚燕
2016 年 竹、藤

《广州美术学院创新创业孵化基地》 2016 届陈设班 8 位学生 指导老师：覃大立、姬舟、胡娜珍、梁尚燕
2016 年 木皮、藤

《广州美术学院创新创业孵化基地》　2016 届陈设班 8 位学生　指导老师：覃大立、姬舟、胡娜珍、梁尚燕
2016 年　木皮、藤

作品局部（一）

作品局部（二）

《龙火》 效果图

简介

在中国传统文化里，井有聚人聚财之意蕴。本雕塑圆形底座营造了一个意象的天井，寓意此地人杰地灵。另一含义是井的凹形与波光粼粼的大厅穹顶相呼应，引出天人合一的人文精神。水是万物之源，也是中山人文符号，雕塑运用抽象和意象相结合的表现手法，塑造从井水里腾飞出四条金龙，在灯火璀璨下蜿蜒盘绕闪出一道道金光，转动间渐渐升化为一团熊熊烈火，交融中升向天际。谨以此象征华艺广场生意兴隆、蒸蒸日上、红红火火，一飞冲天！另也希冀该作品能带给宾客们一种轻松活泼、愉悦祥和的享受！在制作技艺上，首次将编织的语境转换到金属雕塑上，将冰冷的不锈钢变得带有丝丝温馨的柔情。同时，通过机械与数码技术的介入，使得整个静态的巨型雕塑，在流光溢彩的照耀下，可随音乐的旋律慢慢地起舞和转动。

《龙火》 设计图

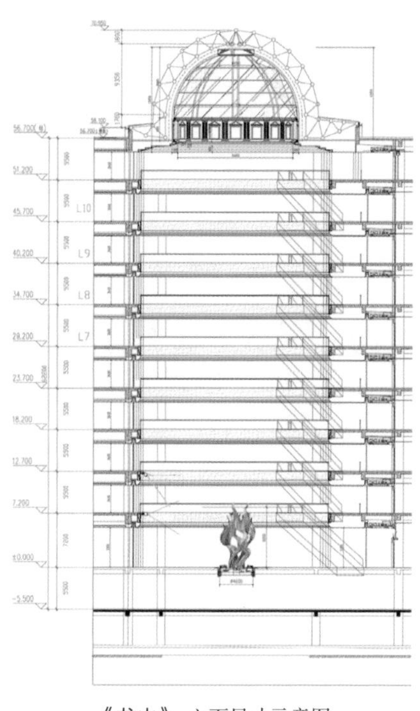

《龙火》 立面尺寸示意图

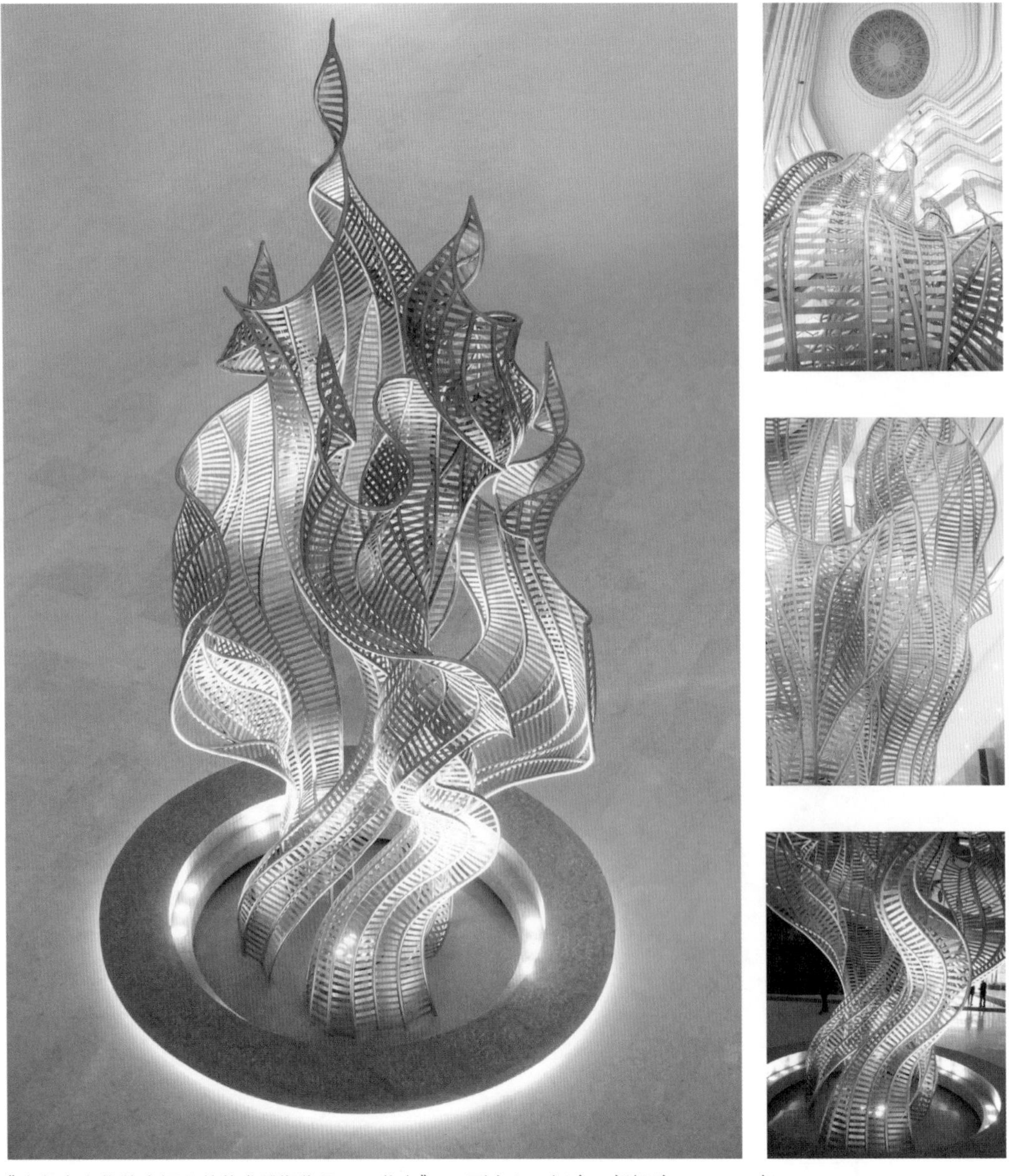

《广东中山华艺广场公共艺术雕塑作品——龙火》 覃大立、姬舟、胡娜珍 2016年 8500mm×4500mm